# Pantherchamäleons

## Lokalformen - Lebensweise - Verbreitung

Philip-Sebastian Gehring und Thomas Althaus

Terrarien NTV Bibliothek
Natur und Tier - Verlag

# Inhaltsverzeichnis

Die Autoren . . . . 4
Vorwort . . . . 5
Madagaskar – ein Hotspot für Chamäleons . . . . 6
Das Pantherchamäleon – *Furcifer pardalis* . . . . 12
- Merkmale . . . . 12
- Verbreitung und Lebensraum . . . . 13
- Der Farbwechsel bei Chamäleons . . . . 17
- Farbvarianten . . . . 20
- Lebenszyklus im Freiland . . . . 25

Die lokalen Farbformen des Pantherchamäleons . . . . 26
- Ankaramibe . . . . 27
- Djangoa . . . . 31
- Ambanja . . . . 34
- Ankify . . . . 40
- Ambato . . . . 43
- Nosy Be . . . . 46
- Nosy Faly . . . . 50
- Nosy Mitsio . . . . 56
- Sirama . . . . 60
- Ambilobe . . . . 67
- Ambohitra (Joffreville ) . . . . 75
- Antsiranana (Diego Suarez) . . . . 78
- Vohémar (Vohimarina, Iharana) . . . . 84
- Sambava . . . . 86
- Andapa . . . . 92
- Antalaha . . . . 96
- Masoala . . . . 104
- Maroantsetra . . . . 114
- Nosy Mangabe . . . . 120
- Antanambe . . . . 126
- Nosy Boraha (Sainte Marie) . . . . 130
- Toamasina (Tamatave) . . . . 140
- Vohimana . . . . 143

Danksagung . . . . 147
Weitere Informationen . . . . 148
Verwendete und weiterführende Literatur . . . . 148

Bildnachweise: Titelbild: Drohendes Pantherchamäleon-Männchen Foto: A. Laube
Rückseite (von oben nach unten): Lebensraum der Pantherchamäleons auf Nosy Mangabe; adultes Männchen in höchster Erregung; adultes Männchen der Ambanja-Form Fotos: T. Althaus
Seite 2–3, Hintergrund: Reisfelder als Lebensraum für Pantherchamäleons auf Nosy Faly Foto: T. Althaus
Seite 3: Ein männliches Pantherchamäleon posiert vor einem Rivalen Foto: T. Althaus

Die in diesem Buch enthaltenen Angaben, Ergebnisse, Dosierungsanleitungen etc. wurden vom Autor nach bestem Wissen erstellt und sorgfältig überprüft. Da inhaltliche Fehler trotzdem nicht völlig auszuschließen sind, erfolgen diese Angaben ohne jegliche Verpflichtung des Verlages oder des Autors. Beide übernehmen daher keine Haftung für etwaige inhaltliche Unrichtigkeiten.



**ISBN: 978-3-86659-307-7**


An der Kleimannbrücke 39/41
48157 Münster
www.ms-verlag.de

Geschäftsführung: Matthias Schmidt
Lektorat: Axel Kwet
Layout: Mirko Barts, Geitje Enterprises LLC
Druck: Pario Print, Krakau

# Die Autoren

## Dr. Philip-Sebastian Gehring

Dr. Philip-Sebastian Gehring arbeitet als Lehrer am Gymnasium am Waldhof in Bielefeld und ist Mitarbeiter an der Universität Bielefeld in der Abteilung Biologiedidaktik. Er arbeitet zudem in Kooperation mit dem Zoologischen Institut der Technischen Universität Braunschweig an verschiedenen Projekten zur Phylogenie und Phylogeographie unterschiedlicher Amphibien- und Reptilienarten von Madagaskars Ostküste, wozu er auch seine Dissertation schrieb. Ein Forschungsschwerpunkt sind das herpetologische Arteninventar und die Erstellung von Verbreitungsdaten innerhalb der östlichen Tieflandgebiete Madagaskars. Zur Identifikation von Arten verwendet er integrative taxonomische Ansätze, welche eine Kombination aus molekularer Genetik und vergleichender Morphologie darstellen. Mehrfach bereiste er Madagaskar und erkundete während seiner Feldaufenthalte große Teile der Insel. Zudem begleitete er wissenschaftlich die Aussetzung von Pantherchamäleons in der Masoala-Regenwaldhalle des Zoos Zürich.

## Thomas Althaus

Thomas Althaus ist 1966 geboren und lebt in Osnabrück. Gemeinsam mit seiner Frau, Yvonne Althaus, beschäftigt er sich seit vielen Jahren mit Chamäleons und im Speziellen mit der Haltung und der Vermehrung von Pantherchamäleons. Das Interesse um die natürlichen Lebensräume und das Geheimnis der verschiedenen Lokalformen dieser Art motivierten ihn 2005 das erste Mal, nach Madagaskar zu reisen. Seitdem ist er mindestens einmal pro Jahr auf der Insel und hat während dieser Zeit die meisten Gebiete besucht, in denen *Furcifer pardalis* vorkommt. Die Ergebnisse seiner jahrelangen Recherche sind in diesem Buch zusammengefasst.

# Vorwort

Der erste Fund eines Pantherchamäleons auf Madagaskar ist uns beiden deutlich in Erinnerung geblieben, da diese faszinierenden Echsen einer der Gründe waren, warum wir überhaupt auf die Idee gekommen sind, einmal nach Madagaskar zu fahren. Stundenlang hat man im Vorfeld Bücher gewälzt, die eigenen Terrarientiere beobachtet und von dieser exotischen Insel geträumt, auf der in den Bäumen und Sträuchern Pantherchamäleons leben. Irgendwann hat man diesen Traum wahr gemacht und wurde nicht enttäuscht – vielmehr wurden die Erwartungen noch um ein Vielfaches übertroffen!

Pantherchamäleons zählen aufgrund ihrer Formenvielfalt und durch den Umstand, dass sie nicht sehr selten und auch nicht schwer zu finden sind, zu unseren absoluten Favoriten in der madagassischen Chamäleonfauna. Ein weiterer Aspekt, der die Faszination „Pantherchamäleon" ausmacht, ist natürlich immer wieder die Frage nach der Ursache für die Entstehung dieser immensen innerartlichen Variation der Körperfärbung. In der Tierwelt lassen sich nur wenige andere Beispiele für Populationen mit vergleichbar bunten Individuen und für eine solch hohe innerartliche Variation von Körperfarben und -mustern finden.

Außerdem fragt man sich: Wo beginnt das Verbreitungsgebiet einer bestimmten Farbform, wo hört es auf? Gibt es bestimmte geographische Barrieren, wie zum Beispiel Flüsse, die die Verbreitung einer Farbform begrenzen?

Auf zahlreichen Reisen in das gesamte Verbreitungsgebiet der Pantherchamäleons zu unterschiedlichen Jahreszeiten auf Madagaskar haben wir viele Aufnahmen gemacht, um die innerartliche Variabilität in den Körperfärbungen, insbesondere der männlichen Tiere, zu dokumentieren. Mit diesem Buch möchten wir eine Übersicht über die verschiedenen Farbvarianten im Freiland geben und unsere Erfahrungen bezüglich der Verbreitung von bestimmten Farbformen des Pantherchamäleons teilen, aber auch zur Diskussion anregen. Wir erheben dabei keinerlei Anspruch auf eine vollständige, wissenschaftlich fundierte Erfassung, vielmehr geht es darum, einen Eindruck über die verschiedenen Pantherchamäleon-Populationen in ihrem natürlichen Lebensraum zu geben.

Zudem möchten wir auch einen kleinen Einblick in die Habitate und von unseren Eindrücken über das Leben der Menschen im Verbreitungsgebiet der Tiere geben, sodass sich der Leser, der vielleicht selber eine Reise plant, eine konkrete Vorstellung machen kann, was ihn im Land der Pantherchamäleons erwartet.

*Thomas Althaus und Philip-Sebastian Gehring,*
*Osnabrück und Bielefeld, 2017*

**Männliche Pantherchamäleons sind imposante Erscheinungen**
Foto: T. Althaus

# Madagaskar – ein Hotspot für Chamäleons

Madagaskar ist die viertgrößte Insel der Welt und liegt etwa 400 km östlich des afrikanischen Festlandes im Indischen Ozean, von dem sie durch den Kanal von Mosambik getrennt ist. Madagaskar hat eine maximale Längsausdehnung von 1.579 km und ist bis etwa 575 km breit.

Die artenreiche Insel ist einer der großen Biodiversitäts-Hotspots der Welt (Mittermeyer et al. 2004; Myers et al. 2000); nur an wenigen Orten der Erde lässt sich eine vergleichbar vielgestaltige Fülle an tierischen und pflanzlichen Lebensformen finden. Dazu kommt, dass Madagaskar neben seiner atemberaubenden Diversität auch einen hohen Grad an Endemismus unter den verschiedenen Lebewesen aufweist. Derzeit sind der Wissenschaft über 400 Reptilienarten von Madagaskar bekannt, wovon etwa 90 % endemisch für die Insel sind (Vences et al. 2009; Nagy et al. 2012) – eines der größten Vorkommen an endemischen Reptilien weltweit. Aber auch andere Tiergruppen weisen einen sehr hohen Grad an Endemismus auf: So sind 99 % der Amphibien und 100 % aller Arten nichtfliegender Säugetiere (exklusive der durch Menschen eingeschleppten Arten) endemisch für Madagaskar (Vences et al. 2009; Gehring et al. 2011a; Nagy et al. 2012).

Ausschlaggebend für diese Vielfalt und Einzigartigkeit scheinen zwei geographische Besonderheiten Madagaskars zu sein: Zum einen die frühe und lang anhaltende Isolation von anderen Landmassen (Afrika und Asien), zum anderen der Reichtum an unterschiedlichen regionalen Klima- und Vegetationszonen, die eine Vielfalt an Habitaten mit unterschiedlichen ökologischen Ansprüchen an die Lebewesen bieten (Vences 2009).

**Kinder helfen bei der Chamäleonsuche auf Madagaskar. Ein Junge aus der Siedlung Ankaramibe hat ein männliches Pantherchamäleon gefunden.**
Foto: T. Althaus

Die Familie der Chamäleons (Chamaeleonidae) stellt allgemein eine der bekanntesten Reptiliengruppen dar. Viele Menschen verbinden mit den Tieren insbesondere ihre unglaubliche Fähigkeit zu einem abrupten Farbwechsel. Die ungewöhnlichen Echsen sind charakteristisch für Madagaskar, und speziell in der Mythologie der Madagassen spielt das Chamäleon eine sehr große Rolle. Genau wie dem schlauen Fuchs oder der diebischen Elster bei uns werden diesen Tieren besondere, allerdings meist negative Eigenschaften

Bei diesem Männchen in Drohfärbung sind die typischen Vertikalstreifen gut zu erkennen
Foto: T. Althaus

*Furcifer minor*
Foto: T. Althaus

angerechnet. Aus diesem Grund bedeutet es vielen Madagassen auch eine enorme Überwindung, ein Chamäleon zu berühren oder es gar zu fangen. Doch obwohl Chamäleons in weiten Teilen der madagassischen Bevölkerung nicht sonderlich beliebt sind, unterstützten uns Kinder vor Ort immer gern bei der Suche nach diesen Reptilien. Wobei es für so manchen Helfer völlig unverständlich war, weshalb man den ganzen weiten Weg von Europa nach Madagaskar macht, nur um ein völlig gewöhnliches Chamäleon zu sehen.

Die Diversitätszentren der Chamäleons liegen auf Madagaskar und in Afrika, beides Bruchstücke des ursprünglichen Superkontinents Gondwana, wo heute noch eine hohe Vielfalt verschiedener Chamäleonarten auftritt. Einige Arten sind zwar auch in Südasien (Indien und Sri Lanka) sowie in Arabien und Südeuropa anzutreffen, doch wurden diese Erdteile erst in jüngerer Vergangenheit besiedelt (Tolley et al. 2013).

Interessanterweise kommt die eng verwandte Schwestergruppe der Chamäleons, die Familie der Agamen (Agamidae), nicht auf Madagaskar vor, obwohl das Diversitätszentrum der Agamen weite Teile Afrikas und Asiens umfasst. Aufgrund der wenigen Fossilfunde weiß man lediglich, dass der letzte gemeinsame Vorfahr dieser beiden vielgestaltigen Gruppen im Mesozoikum auf dem Kontinent Laurasia vorkam. Hinsichtlich des genauen Ursprungsorts der Chamäleons besteht daher seit längerer Zeit eine intensive fachwissenschaftliche Debatte (Raxworthy et al. 2002; Tolley et al. 2013). Durch die Integration molekulargenetischer, phylogeographischer und molekularer Datierungsmethoden konnte nun in den letzten Jahren ein modernes biogeographisches Szenario rekonstruiert werden (Townsend 2011; Crottini et al. 2012; Tolley et al. 2013):

Demnach scheint das kontinentale Afrika Verbreitungsgebiet des letzten gemeinsamen Vorfahren aller heutigen Chamäleons

*Calumma oshaughnessyi*
Foto: T. Althaus

gewesen zu sein. Es soll sich dabei um eine waldbodenbewohnende Echsenart gehandelt haben, die in der Gestalt und Lebensweise wahrscheinlich große Ähnlichkeit mit den noch heute in Afrika und Madagaskar vorkommenden Erdchamäleons der Gattungen *Rieppeleon* (Afrika) sowie *Palleon* und *Brookesia* (Madagaskar) hatte.

Wie aber konnten sich diese Vorfahren nun über den Ozean nach Madagaskar ausbreiten? Denn Madagaskar war zu jenem Zeitpunkt bereits eine Insel im Indischen Ozean. Vermutet werden in einem wahrscheinlichen Ausbreitungsszenario mindestens zwei voneinander unabhängige Verdriftungsereignisse.

Wahrscheinlich war es vor etwa 65 Millionen Jahren zu einer ersten Verdriftung von Vorfahren der heutigen Stammeslinie der madagassischen Erdchamäleons (Gattung *Brookesia*) nach Madagaskar gekommen, da diese Stammeslinie im phylogenetischen Baum die Schwestergruppe zu allen anderen Chamäleongattungen darstellt. Ein mögliches Szenario wäre, dass in Folge eines besonders starken Zyklons an der afrikanischen Küste ein natürliches Vegetationsfloß in den Indischen Ozean gespült wurde, auf dem sich zufälligerweise auch einzelne Chamäleons befunden haben könnten. Günstige Meeresströmungen haben die Reisenden anschließend in östlicher Richtung über den Ozean befördert. Die wasserundurchlässige Haut der Reptilien und die Fähigkeit, auch längere Perioden ohne Futter überstehen zu können, boten exzellente Voraussetzungen für eine erfolgreiche Überfahrt. Nachdem sich diese Pioniere in der neuen Heimat erst einmal etabliert hatten, verlief ihre Entwicklung unabhängig von der Ausgangspopulation in Afrika. Auf der Insel angekommen, eroberten sich die Erdchamäleons unterschiedliche Lebensräume, und durch die adaptive Radiation diversifizierte sich diese Chamäleongruppe hauptsächlich in den Regenwäldern Madagaskars.

*Palleon nasus* gehört zu einer erst vor wenigen Jahren beschriebenen Gattung der Erdchamäleons
Foto: T. Althaus

Aufgrund einer weltweiten Klimaerwärmung im frühen Eozän (vor ca. 51–53 Millionen Jahren) breiteten sich die Regenwälder in Afrika und Madagaskar zunehmend aus. In dieser Zeit haben sich die vormals bodenbewohnenden Chamäleons in Afrika an die arboreale (baumbewohnende) Lebensweise angepasst und somit eine neue ökologische Nische erschlossen. Vor etwa 49–40 Millionen Jahren kam es zu den typischen evolutiven Anpassungen an die arboreale Lebensweise im Körperbau der Echten Chamäleons (Unterfamilie Chamaleoninae), wie zum Beispiel der seitlich abgeflachte Körper, die Zygodactylie genannte, spezielle Anordnung der Zehen und der lange Greifschwanz. Das hatte eine starke Diversifikation dieser Echsengruppe in Afrika zur Folge.

Vor etwa 47 Millionen Jahren kam es dann zu einem zweiten Verdriftungsereignis von Afrika über den Indischen Ozean nach Madagaskar, in diesem Fall von einem „arborealen Chamäleon-Typus“: die Vorfahren der heutigen Gattungen *Furcifer* und *Calumma*. Diese beiden Chamäleongattungen eroberten anschließend die gesamte große Insel, wobei die Arten der Gattung *Calumma* an die feuchten Regenwälder gebunden blieben, während sich die Arten der Gattung *Furcifer* sowohl die Monsunwälder des Nordens und Westens als auch den semiariden bis ariden Südwesten Madagaskars als Lebensraum erschlossen.

Teile Asiens und Europas wurden erst in jüngerer Zeit (vor ca. 13–6 Millionen Jahren) von Chamäleons der phylogenetisch jungen Gattung *Chamaeleo* besiedelt (Tolley et al. 2013), während die Seychellen schon vor rund 34 Millionen Jahren von Afrika aus besiedelt worden waren. Die Schwestergruppe der auf den Seychellen monotypischen (mit nur einer Art vertretenen) Gattung *Archaius* stellen die in Afrika beheimateten Stummelschwanzchamäleons der Gattung *Rieppeleon* dar (Townsend et al. 2011).

Die auf Madagaskar vorkommenden Chamäleonarten zählen zu den vier zumeist endemischen Gattungen *Brookesia* und *Palleon* sowie *Calumma* und *Furcifer* (Glaw & Vences

2007; Tolley et al. 2013), die sich jeweils in bestimmten körperlichen, aber auch genetischen Merkmalen voneinander unterscheiden.

Bei den kleinen, meist bodenbewohnenden Erdchamäleons der Gattungen *Brookesia* (derzeit 30 beschriebene Arten) und *Palleon* (zwei Arten, die ursprünglich in der Gattung *Brookesia* beschrieben wurden) handelt es sich um endemische, nur wenige Zentimeter große Tiere, die in der Laubstreu der Regen- und Trockenwälder nach Nahrung suchen. Sie sind meist unscheinbar braun gefärbt und dadurch schwer im Dämmerlicht des Waldbodens auszumachen. Innerhalb dieser ursprünglichsten Chamäleongruppe hat sich eine beinahe absurde Miniaturisierung des Körpers herausgebildet. Mit einer Gesamtlänge von gerade einmal 23 mm und einer Körperlänge (ohne Schwanz) von 15–16 mm bei den Männchen ist das jüngst beschriebene Nosy-Hara-Erdchamäleon (*Brookesia micra*) eines der kleinsten Landwirbeltiere der Welt (Glaw et al. 2012). Kleiner geht es kaum, denn bei dieser Körpergröße stößt die Verzwergung des Körperbaus bei Amnioten – also den Reptilien, Säugetieren und Vögeln – an ihre untere Grenze.

Die größeren und bekannteren Chamäleons Madagaskars werden in zwei weitere Gattungen unterteilt. Die ebenfalls auf der Insel endemische Gattung *Calumma* umfasst derzeit 33 kleine bis sehr große Arten, zum Beispiel eines der größten Chamäleons der Welt, Parsons Chamäleon (*Calumma parsonii*). Die Tiere dieser Gattung kennzeichnet unter anderem das Vorhandensein von sogenannten Occipitallappen, die sich direkt hinter der Helmkante befinden. Zur zweiten Gattung *Furcifer* werden momentan 22 Arten gezählt, die neben Madagaskar in zwei Arten auch die Komoren besiedeln (*F. cephalolepis* und *polleni*) – und die mittlerweile mit *F. oustaleti* vom Menschen auch nach Kenia und auf die Maskarenen verschleppt wurden (Glaw & Vences 2007).

All diese Zahlen stellen jedoch eine Momentaufnahme dar. Die tatsächlichen Artenzahlen dürften in allen madagassischen Chamäleongattungen weit höher liegen, wie aktuelle Studien eindrucksvoll nahelegen. Es zeigte sich hierbei, dass viele der vermeintlich weitverbreiteten Arten wie *Calumma nasutum* in Wirklichkeit Komplexe aus mehreren Arten darstellen, die eher kleinräumig verbreitet sind (Gehring et al. 2011b; Gehring et al. 2012; Glaw et al. 2012). Es sei hier zudem darauf hingewiesen, dass auch die derzeitigen systematischen Zuordnungen der Arten (zu Gattungen) eher als „Übergangslösungen“ zu verstehen sind, denn aktuelle Studien zeigen bereits deutlich, dass einige taxonomische Gruppierungen keine monophyletischen Gruppen darstellen, also nicht auf einen gemeinsamen Vorfahren zurückzuführen sind (Townsend et al. 2011; Tolley et al. 2013). Daher ist in Zukunft durchaus zu erwarten, dass es teilweise noch zu grundlegenden systematischen Neuordnungen kommen wird.

**Autor Thomas Althaus mit Parsons Chamäleon auf Madagaskar**
Foto: Y. Althaus

# Das Pantherchamäleon – *Furcifer pardalis*

## Merkmale

Das Pantherchamäleon, *Furcifer pardalis* (Cuvier, 1829) ist eine stammesgeschichtlich junge Art, die zu den größten Chamäleons auf Madagaskar zählt. Männchen erreichen ausgewachsen eine Gesamtlänge von etwa 52 cm, Weibchen von maximal 30 cm (Ferguson et al. 2004; Müller et al. 2004; Nečas 2004). Der Rumpf ist typischerweise wie bei allen Chamäleons lateral (seitlich) abgeflacht und besitzt im Ruhezustand einen spitz-ovalen Querschnitt, der durch Füllen oder Leeren der Lungenfortsätze und durch Muskelkontraktionen verändert werden kann.

Der ganze Körper ist mit verschieden großen, ovalen, verhornten Schuppen versehen, die sich nicht gegenseitig überlagern; die Zwischenräume sind von einer Zwischenschuppenhaut (Interstitialhaut) ausgefüllt. In der Medianebene gehen die Schuppen in eine konische Form über, die den Rückenkamm (Crista dorsalis) und den Kehlkamm (Crista gularis) bilden.

Der Kopf ist mit ungleichmäßig vergrößerten Plattenschuppen besetzt und besitzt eine pyramidenartige Form. Den hinteren Teil, der sich über den Augenhöhlen befindet, bezeichnet man üblicherweise als Helm. Von der Helmspitze verlaufen in Richtung der Augenhöhlen auf beiden Seiten zwei Knochenleisten (Lateralkanten), die mit deutlich vergrößerten Schuppen besetzt sind. Sie ziehen sich weiter bis zur Schnauzenspitze, wo sie miteinander verwachsen sind. Der rostrale Teil (Canthus rostralis) ist bei Pantherchamäleon-Männchen zu zwei knochigen Nasenfortsätzen verwachsen. Diese Schnauzenstrukturen fehlen den Weibchen und Jungtieren völlig oder sind nur sehr schwach ausgeprägt. Neben den Nasenfortsätzen und den Unterschieden in Größe und Gewicht äußert sich der Geschlechtsdimorphismus bei dieser Art auch in einer verdickten Schwanzwurzel der Männchen. In dieser Verdickung befindet sich der Hemipenis.

Männchen des Pantherchamäleons aus der Region Ambanja in seiner variantenreichen Normalfärbung
Foto: T. Althaus

Mit spektakulärer Färbung droht dieses adulte Männchen seinem Rivalen.
Foto: T. Althaus

## Verbreitung und Lebensraum

Pantherchamäleons sind im nördlichen Madagaskar vor allem entlang den feuchten Küstenzonen in der Sekundärvegetation wie auf Kulturlandflächen, in Plantagen oder auf brachliegenden Feldern regelmäßig zu finden und können lokal auch in sehr hohen Individuenzahlen vorkommen. Studien zur Populationsgröße von *Furcifer pardalis* auf Nosy Be ergaben, dass allein auf dieser Insel vermutlich 450.000 adulte Individuen leben (Andreone et al. 2005)!

In primären Waldgebieten sind die Populationsdichten von *F. pardalis* zwar wesentlich geringer, doch werden die Tiere auch in Regenwäldern regelmäßig angetroffen. Innerhalb von Regenwaldgebieten wie in Marojejy oder Masoala bevorzugen die Pantherchamäleons Saumhabitate, zum Beispiel Waldränder oder die Vegetation entlang von Wasserläufen – und vermutlich auch die Kronenregion der Wälder.

Das Verbreitungsgebiet des Pantherchamäleons beschränkt sich im weiteren Sinne auf die Nordhälfte Madagaskars mitsamt den vorgelagerten Inseln wie Nosy Be und Nosy Boraha. Die Tiere bewohnen dabei ausschließlich die küstennahen Tieflandgebiete, die sich größtenteils durch ein ganzjährig feuchtwarmes Klima auszeichnen. Stark vereinfacht kann man sagen, dass die Temperaturen auf Madagaskar während der Monate Oktober bis April höher sind und von Mai bis September etwas tiefer liegen. Zwischen den Gebieten im Osten und Westen der Insel bestehen jedoch im Jahresverlauf vor allem bezüglich der Niederschlagsmengen große Unterschiede. Der wichtigste Grund für diese klimatischen Differenzen lässt sich erkennen, wenn man die

Der Masoala-Regenwald an der Ostküste Madagaskars
Foto: T. Althaus

Insel im Querschnitt betrachtet: Im Osten befindet sich eine von Norden nach Süden durchgängige Bergkette, an der die Wolken abregnen, die Madagaskar mit den Passatwinden vom Indischen Ozean aus erreichen; nur während der Regenzeit erreichen sie auch den Westen der Insel.

Aufgrund dieser Unterschiede kann man das Verbreitungsgebiet des Pantherchamäleons auf Madagaskar vereinfacht in drei klimatische Großräume unterteilen:

Die östliche Klimazone ist durch ganzjährig hohe Niederschläge und Temperaturen zwischen 25 und 30 °C gekennzeichnet. Auf der Masoala-Halbinsel werden jährliche Niederschlagsmengen von über 6.000 mm gemessen, auf der Insel Nosy Boraha bis zu 3.500 mm. Die hohen Niederschlagsmengen ermöglichten die Bildung eines durchgängigen Regenwaldgürtels, der einst fast die gesamte Ostküste Madagaskars von Nord bis Süd bedeckte. An vielen Stellen reichte der Regenwald bis direkt an den Indischen Ozean, wobei in einigen Gebieten auf sandigen Böden auch lichte Küsten- oder Sumpfwälder Bestand hatten. Heutzutage wurden in diesem östlichen Teil der Insel beinahe alle primären Waldgebiete abgeholzt und vom Menschen in Sekundärve-

Lebensraum für Pantherchamäleons an der Nordküste, etwa 10 km von Antsiranana (Diego Suarez) in Richtung Ramena
Foto: T. Althaus

**Die Sambirano-Region an der Westküste von Madagaskar**
Foto: T. Althaus

getation oder Kulturland umgewandelt. Diese Tatsache kommt wiederum den Pantherchamäleons bei ihrer kontinuierlichen Ausbreitung in Richtung Süden zu Gute, da die Tiere von der Schaffung offener, lichtdurchfluteter Habitate profitieren.

Der Norden Madagaskars ist geprägt von mehreren Gebirgsmassiven (zum Beispiel Montagne d'Ambre, Marojejy, Anjanaharibe-Sud), zu denen auch das Tsaratanana-Gebirge mit dem höchsten Berg der Insel, dem Maromakotro (2.490 m ü. NN), gehört. Diese Gebirgsmassive sind zumeist durch Tieflandgebiete getrennt und stellen somit keine zusammenhängenden Lebensräume dar. In den Tieflandgebieten des Nordens, wo die Chamäleons vorkommen, ist das Klima von großen saisonalen Schwankungen der Niederschlagsmengen geprägt, bei Jahrestemperaturmittelwerten von 25,3 °C und einer gesamten Niederschlagsmenge von 1.199 mm für Antsiranana (Mühr 2000). Neben einigen Restbeständen an Regenwäldern besteht die Vegetation im Norden Madagaskars hauptsächlich aus ausgedehnten Grasländern und geht Richtung Westen langsam in den laubabwerfenden Trockenwald über.

Das Monsunklima in der Sambirano-Gegend, einer Enklave von immergrünem Regenwald, ist auf ein kleines Gebiet an der Nordwestküste Madagaskars begrenzt. Es erstreckt sich von südlich der Halbinsel Nosy Faly bis zum Andranomalaza-Fluss. Die jährliche Niederschlagsmenge liegt dort bei über 2.000 mm, wobei in den Tieflandgebieten eine trockenere Saison zwischen Juli und September existiert. Diese Region stellt den Übergang zwischen den Florenregionen des östlichen und des westlichen Madagaskars dar.

Die Tieflandregionen in Westmadagaskar bis zu einer Höhe von 800 m ü. NN umfassen die westliche Klimazone, die sich von Antsiranana (Diego-Suarez) im Norden bis in die Nähe von Morombe im Süden erstreckt. Ausgenommen davon sind die Regenwaldgebiete des Gebirgsstocks der Montagne d'Ambre und der Sambirano-Gegend. Die jährlichen Niederschlagsmengen schwanken dort zwischen 2.000 mm im Norden und nur 500 mm in den südlichen Gebieten. Die ausgiebigsten Niederschläge ereignen sich in den Monaten zwischen Dezember und März, während in den restlichen sieben bis neun Monaten kaum einmal Regen fällt.

Camp Marojejia im Marojejy-Nationalpark befindet sich am Fuß eines Berges im Lebensraum der Panthercha-mäleons

Foto: T. Althaus

## Der Farbwechsel bei Chamäleons

Die wohl berühmteste Fähigkeit der Chamäleons, nämlich ihre Farbe zu wechseln, wird durch drei spezialisierte Typen von Chromatophoren (Farbzellen) in der Haut ermöglicht. Diese drei Zelltypen (Melanophoren, Xantophoren bzw. Erythrophoren sowie Guanophoren) liegen in Schichten übereinander: Die Xantophoren und Erythrophoren bilden hierbei die oberste Schicht; sie sind für die gelben und roten Farbtöne verantwortlich. Darunter befinden sich die Guanin enthaltenden Guanophoren; Guanin ist ein farbloser Kristall, der durch Lichtreflexion für blaue Farbtöne sorgt. Die weiteren Farben werden durch Mischen der blauen, gelben und roten Farben erzeugt.

Unter diesen Farbzelltypen befinden sich schließlich noch die größeren Melanophoren (melanos, griech. = schwarz), von denen dünne, fingerförmige Ausläufer zwischen den anderen Zellen nach oben ausstrahlen. Im Cytoplasma dieser Zellen befindet sich der schwarze Farbstoff Melanin, der innerhalb der Ausläufer umgelagert werden kann. Wird das Melanin homogen in der Zelle inklusive ihrer Ausläufer verteilt, wird die Haut insgesamt dunkler. Konzentriert sich das Melanin punktförmig an einer Stelle, wird die Haut heller. Verteilt sich das Pigment nur in einer gewissen Höhe in den oberen Ausläufern der Zelle, kommt es dort zu einer kompletten Überdeckung der anderen, darunterliegenden Chromatophoren. Die Farbe der unbedeckten Zellen tritt dadurch deutlicher hervor.

Dieses adulte Männchen befindet sich in höchster Erregung

Foto: T. Althaus

Das Männchen im dichten Buschwerk ist gut getarnt
Foto: T. Althaus

Letztlich ist die tatsächliche Färbung der einzelnen Hautteile von einer Kombination der Farben der einzelnen Chromatophoren und der Ausbreitungsweise des Melanins in den Melanophoren abhängig. Der Farbwechsel wird durch komplizierte neuronale und hormonale Mechanismen gesteuert, zum Beispiel als Reaktion auf äußere Reize durch die Hautrezeptoren und andere Sinnesorgane.

Allerdings können Chamäleons nicht jede beliebige Farbe annehmen. Die Färbung ist vielmehr art- und teilweise sogar individuenspezifisch, wobei sie aber auch durch die verschiedensten inneren und äußeren Faktoren beeinflusst wird. Generell besitzt jedes Chamäleon eine bestimmte Farbpalette, in dessen Bereich es sich verfärben kann. Folgende äußere und innere Faktoren kann man dabei unterscheiden (nach Nečas 2004):

**Äußere (objektive) Faktoren:**

- Temperatur: Chamäleons sind wechselwarme (ektotherme) Lebewesen, das heißt, ihre Körpertemperatur ist primär von äußeren Wärmequellen abhängig. Je niedriger die Umgebungstemperatur im Verhältnis zur optimalen Temperatur ist, umso dunkler wird in der Regel die Hautfärbung (und umgekehrt). Eine dunkle Färbung hilft den Tieren, mehr Wärme aufzunehmen, eine helle reflektiert dagegen die Wärmestrahlen.
- Beleuchtungsintensität: Intensiv beleuchtete Teile der Haut sind meist etwas dunkler gefärbt als die beschatteten. Oft kann man beobachten, dass die der Sonne exponierte Körperhälfte andere Farben zeigt als die abgewandte Seite.
- Tageszeit: Nachts hellt sich die Färbung meistens stark auf; morgens ist sie dunkler und während des Tages sehr variabel, entsprechend den anderen Faktoren.
- Jahreszeit: Die Färbung der Chamäleons unterliegt auch saisonalen Änderungen, zum Beispiel abhängig von Klimaschwankungen oder dem Reproduktionszyklus.

**Passive innere (subjektive) Faktoren:**

- Gesundheitszustand: Da der Farbwechsel

der Chamäleons mit Energiekosten für das Tier verbunden ist, zeigen sich kranke Tiere aufgrund von Energiemangel oder Stoffwechselstörungen meist blass. Verfärbungen sind dann auch nicht immer induzierbar.

- Gravidität: Die Trächtigkeit der Weibchen löst eine spezielle Farbreaktion aus. Die Tiere tragen zu dieser Zeit ein charakteristisches Farbmuster.
- Ernährungszustand: Tiere in gutem Ernährungszustand zeigen in der Regel kräftige, bunte Farben. Unterernährte Tiere weisen eher blasse Farben auf.
- Alter: Pantherchamäleons zeigen in den ersten Lebensmonaten eine typische Jugendfärbung. Erst nach etwa fünf Monaten beginnen die Jungtiere, die typische Färbung der adulten Tiere anzunehmen. Über eine bestimmte Funktion dieser Farbgebung kann nur spekuliert werden. Durch die Jugendfärbung, die meist aus braunen und grauen Farbtönen besteht, könnte ein besserer Tarneffekt gewährleistet sein. Eine direkte Schutzfunktion vor Kannibalismus durch adulte Tiere, wie

**Adultes Männchen mit hohem Blauanteil**
Foto: T. Althaus

Das unterlegene Männchen färbt sich dunkel, um weniger aufzufallen und den Rivalen nicht weiter zu provozieren
Foto: T. Althaus

sie bei anderen Reptilienarten durchaus vorkommt, scheint es jedoch nicht zu geben. Lutzmann (in Müller et al. 2004) konnte einen solchen Fall von Kannibalismus dokumentieren. Möglicherweise schützt die Jugendfärbung aber vor Rivalen, indem etwaige Rivalenkämpfe nicht provoziert werden.

**Aktive innere (subjektive) Faktoren:**

- Kryptische Funktion: Obwohl es nicht zutrifft, dass Chamäleons ihre Färbung unbedingt direkt der Umgebung anpassen, dient sie doch auch der Tarnung. Oft werden zusätzlich Querbänder oder Streifen erzeugt, die die Körperkonturen im Lebensraum verschwimmen lassen (Somatolyse).
- Innerartliche Kommunikation: Aufgrund der Tatsache, dass Pantherchamäleons sich in erster Linie über ihren Sehsinn orientieren, ist es nicht verwunderlich, dass die Tiere ihre Fähigkeit zum Farbwechsel auch zur Kommunikation nutzen. Es handelt sich um eine „visuelle Sprache“, bei der einzelnen Färbungsmustern in Kombination mit speziellen Verhaltensweisen (auf die später noch genauer eingegangen wird) eine bestimmte Bedeutung zukommt. Dabei vermitteln verschiedene Färbungstypen eine ganz präzise Information an den jeweiligen Artgenossen. So gibt es Färbungen, die zur Paarung anregen oder Konkurrenten einschüchtern sollen.
- Zwischenartliche Differenzierung: Die Farben und Muster, die der innerartlichen Kommunikation dienen, sind artspezifisch. Zwei verschiedene Spezies können daher einander oft nicht „verstehen“. Das erleichtert den Tieren zum Beispiel die Suche nach Geschlechtspartnern, da auf Madagaskar oftmals mehrere Chamäleonarten im selben Lebensraum zu finden sind.

## Farbvarianten

Innerhalb des riesigen Verbreitungsgebiets der Pantherchamäleons auf Madagaskar haben sich regionaltypische Farbvarianten entwickelt. Vor allem die Männchen verschiedener Populationen unterscheiden sich während der Paarungszeit deutlich voneinander. In der Literatur werden unterschiedliche Thesen zum Thema „Farbvarianten“ diskutiert (beispielsweise Rimmele 1999; Müller et al. 2004). Ferguson et al. (2004) untersuchten fünf unterschiedliche Populationen von Pantherchamäleons mittels einer standardisierten, quantitativen Analyse der Farbgebung der Tiere und stellten signifikante Farbunterschiede in den verschiedenen Populationen fest. Cluster-Analysen ergaben, dass die Populationen von der Ostküste Madagaskars (Maroantsetra und Tamatave) die meisten Gemeinsamkeiten in der Färbung aufwiesen, ebenso wie zwei Populationen von der Westküste (Nosy Be und Ambanja). Die Population aus dem Norden der Insel (Antsiranana) wurde als Zwischenform beschrieben, da sie Anteile sowohl der „Ostküstenfärbung“ als auch der „Westküstenfärbung“ in sich vereint.

Auch Grbic et al. (2015) untersuchten mit standardisierten Methoden die Färbung von unterschiedlichen Pantherchamäleon-Populationen, welche sie dann mit genetischen Linien korrelierten. Dabei konnten sie drei deutliche Gruppierungen ausmachen, die sie insgesamt fünf genetischen Großgruppen zuordneten: Die erste Gruppe beinhaltet Tiere der Ostküste und Nosy Boraha (Haplogruppe C1). Eine zweite Gruppe umfasst die Populationen von Pantherchamäleons der Nordwestküste, Nosy Komba und Nosy Be (Haplogruppen 1a, 1b, 2 und 3), und die dritte Gruppe bilden die Populationen aus dem Norden und Nordosten (Haplogruppen B und C2).

Diese Gruppierungen bilden einen ersten Versuch, eine systematische Ordnung in die scheinbar unendliche Farbvarianz von Lokalformen des Pantherchamäleons zu bringen. Doch wieso gibt es bei Pantherchamäleons überhaupt eine solche Vielfalt an unterschiedlichen Färbungen?

Wie bereits einleitend dargestellt, sind Farbmuster von Chamäleons von diversen Faktoren abhängig und auch innerhalb von Populationen sehr variabel. So gibt es zwar durchaus bestimmte Farben und Muster, die für bestimmte Populationen typisch sind, dennoch unterliegen auch diese stets kleinen individuellen Variationen und Veränderungen. Die Färbung von Chamäleons ist sicherlich einem starken natürlichen und sexuellen Selektionsdruck unterlegen und scheint bei Pantherchamäleons zudem von einer hohen genetischen Mutations- beziehungsweise Rekombinationsrate der für die Färbung verantwortlichen Gengruppen, aber auch von der sogenannten Gendrift (eine zufällige, nicht auf Selektion beruhende Veränderung der Genfrequenz) beeinflusst zu sein.

Solche „Motoren" des evolutiven Wandels trugen bei dieser stammesgeschichtlich relativ jungen Chamäleonart vermutlich zur Ausbildung der verschiedenen Farbmuster bei. Dagegen sind andere Chamäleonarten, die im selben Verbreitungsgebiet auf Madagaskar vorkommen, wie das Riesenchamäleon (*Furcifer oustaleti*), bezüglich ihrer Färbung über das gesamte Verbreitungsgebiet eher homogen (Glaw & Vences 2007).

**Adultes Männchen in der Region von Ambohitra (Joffreville)**
Foto: T. Althaus

**Drohende adulte Männchen der als „True Blue" bezeichneten Lokalform sind ein prächtiger Anblick**
Foto: T. Althaus

Die mittelamerikanischen Erdbeerfröschchen (*Oophaga pumilio*) zeigen einen ähnlich hohen Farbpolymorphismus auf kleinstem Raum wie das Pantherchamäleon. Bei diesen Amphibien wird vermutet, dass eine Kombination aus sexueller Selektion der Weibchen, gekoppelt mit genetischer Drift, zu der enormen Farbenvielfalt führte (Tazzyman et al. 2010). Selbiger Effekt könnte auch die Variabilität bei den Pantherchamäleons plausibel erklären, da auch hier die visuell orientierten Weibchen ihre Geschlechtspartner auswählen. Bisher gibt es jedoch noch keine wissenschaftlichen Studien, die dieses faszinierende Phänomen genauer untersuchen.

Auffällig bei den Pantherchamäleons ist zudem, dass sich besonders auf den vorgelagerten Inseln eigenständige Farbformen finden lassen, wie auf Nosy Be, Nosy Boraha oder Nosy Mitsio. Die meisten dieser Inseln waren während der Eiszeit noch mit dem Festland verbunden und entwickelten sich erst nach dem weltweiten Anstieg des Meeresspiegels zu Inseln. Somit isolierte das Meer die auf den Inseln lebenden Chamäleons von den Festlandpopulationen, und es fand kein (oder zumindest nur ein sehr eingeschränkter) Austausch genetischen Materials mehr statt. Durch diese Isolation und durch die Anhäufung und Weitergabe von populationsspezifischen Mutationen (aufgrund sexueller/natürlicher Selektion sowie Gendrift) entstanden auf den Inseln schließlich eigenständige Farbformen.

Immer wieder tauchen in diesem Zusammenhang Fragen danach auf, ob es sich beim Pantherchamäleon wirklich um nur eine Art handelt oder ob die unterschiedlichen Farbformen besser als Unterarten oder gar eigene Arten geführt werden sollten. Molekulargenetische Untersuchungen (Grbic et al. 2015) können erste Hinweise auf diese Fragen geben. Es zeigte sich hierbei, dass die unterschiedlichen Populationen von Pantherchamäleons in dem untersuchten mitochondrialen Genabschnitt tatsächlich eine starke genetische Strukturierung zeigten. Insgesamt konnten im Verbreitungsgebiet der Art elf deutlich differenzierte Gruppen identifiziert werden, die bestimmten geographischen Regionen zugeordnet werden konnten, mit nur geringen Überlappungen von genetischen Gruppen in einigen Gebieten. Eine solche Strukturierung wurde im geringeren Maße auch in den ebenfalls untersuchten Kerngenen gefunden.

Die Ergebnisse zeigen, dass zwischen den einzelnen Lokalformen nur noch ein deutlich eingeschränkter Austausch genetischen Materials stattfindet. Worin dies begründet ist, bleibt unklar. Mögliche Gründe sind geringe Ausbreitungsraten von Chamäleonindividuen, prä- oder postzygotische Reproduktionsbarrieren (zum Beispiel könnten Weibchen für die Paarung Männchen bestimmter lokaler Farbformen bevorzugen, oder Lokalformhybriden weisen eine geringere Fitness auf), geographische Barrieren wie Flüsse und Gebirge oder auch eine Kombination all dieser Faktoren.

Die Ergebnisse von Grbic et al. (2015) implizieren, dass einige dieser mitochondrialen Linien möglicherweise als eigenständige Arten angesehen werden könnten, dennoch sehen die Autoren der Studie davon ab, die Spezies *Furcifer pardalis* in verschiedene Arten aufzuspalten. Dies liegt zum einen daran, dass die Daten der Kerngene bisher nicht eindeutig sind, und zum anderen bestehen auch bestimmte methodische Vorbehalte gegenüber den benutzten Analysetools.

Außerdem weiß man aus der Terrarienhaltung, dass sich die unterschiedlichen Farbformen untereinander paaren und zumeist fertile, lebensfähige Nachkommen hervorbringen. Allerdings sei an dieser Stelle auch erwähnt, dass immer wieder von erfolglosen Verpaarungen von Ost- und Westküstentieren und auch von weniger fertilen Lokalformhybriden berichtet wird (Ferguson et al. 2004; Grbic et al. 2015). Dies wurde unseres Wissens nach bisher nicht umfassend untersucht und beruht auf Einzelbeobachtungen, die möglicherweise auch durch andere Gründe erklärbar sind. Nach derzeitigem Erkenntnisstand werden somit alle Populationen von Pantherchamäleons weiterhin als der Art *Furcifer pardalis* zugehörig angesehen, die sich eben durch eine hohe farbliche Variabilität im männlichen Geschlecht auszeichnet.

Interessanterweise untersuchten Grbic et al. (2015) im Zuge ihrer Studie auch 26 Pantherchamäleons, die von europäischen Züchtern stammten. Hier zeigte sich eindeutig, dass die angegebenen Lokalformen meist nicht mit der tatsächlichen genetischen Identität übereinstimmten. So waren zum Beispiel 14 der 26 untersuchten Tiere als Ambilobe- oder Ankify-Farbformen ausgegeben, zeigten sich genetisch jedoch einer Ostküsten-Population zugehörig. Grund für diese Diskrepanz dürfte sicher die schwierige Zuordnung der Weibchen zu bestimmten Farbformen sein. Bereits beim Exporteur in Madagaskar werden die Tiere häufig vertauscht, da dort in der Regel keine strikte Trennung von Lokalformen vorgenommen wird. Vor dem Export werden die Chamäleons einfach in großen Stückzahlen in Sammelvolieren gehalten und sind somit später unmöglich noch einer bestimmten Lokalform zuzuordnen.

In eigenen molekularen Untersuchungen zur Abstammungsgeschichte der Pantherchamäleons konnten wir feststellen, dass sich die ursprünglichsten genetischen Linien der Pantherchamäleons im Nordwesten Madagaskars finden lassen, in der Gegend um Ankaraimbe (Gehring et al., in Vorb.). Diese Tiere unterscheiden sich auch in ihrer Färbung deutlich von allen anderen Pantherchamäleon-Populationen, was darauf hinweist, dass sich die

Ein adultes Weibchen von *Furcifer pardalis* erklettert einen Baum
Foto: T. Althaus

Vorfahren der Pantherchamäleons wahrscheinlich, ausgehend von einer Westküstenpopulation, in Richtung Norden ausgebreitet und entlang der Tieflandgebiete des Nordens dann die Ostküste erreicht haben.

Diese Daten decken sich auch mit den Vorkommen der Schwesternart *Furcifer angeli* und der nah verwandten Spezies *F. rhinoceratus* an der Westküste Madagaskars (Tolley et al. 2013), die beide eine gewisse Ähnlichkeit zum Pantherchamäleon aufweisen. Die erst jüngere Ausbreitung der Pantherchamäleons in die Tieflandgebiete an der Ostküste (etwa südlich von Sambava) wird durch die Beobachtung gestützt, dass die Populationen dort eine geringere genetische Diversität aufweisen als jene an der Westküste und im Norden. Dies spricht für eine relativ rezente Ausbreitung, wodurch noch nicht viele unterschiedliche genetische Linien entstehen konnten, da Effekte wie genetische Drift oder Selektion in der Kürze der Zeit noch keine vielfältigen genetischen Variationen zugelassen haben.

## Lebenszyklus im Freiland

Pantherchamäleons sind im Freiland relativ kurzlebige Tiere, deren Lebensweise stark von einer jahreszeitgebundenen Periodizität bestimmt ist. Mit Beginn der Regenzeit auf Madagaskar, etwa im November, startet die Paarungszeit; bei den Populationen im Westen der Insel beginnt sie etwas später, nicht vor Dezember (Ferguson et al. 2004).

Die Paarungszeit erreicht ihr Aktivitätsmaximum von Dezember bis April. Gut 18–45 Tage nach der Paarung legen die Weibchen durchschnittlich 12–30 Eier in ein selbstgegrabenes, etwa 10–30 cm tiefes Loch im Boden (Müller et al. 2004). In der gesamten Fortpflanzungszeit setzen die Weibchen durchschnittlich zwei Gelege ab (Ferguson et al. 2004).

Im Freiland wurde eine hohe Mortalitätsrate von weiblichen *Furcifer pardalis* während und kurz nach der Eiablage dokumentiert (Bourgat 1968). Auch für männliche Tiere ist die Paarungszeit mit hohen energetischen Kosten verbunden, sodass ein Großteil von ihnen die darauffolgende Trockenzeit nicht überlebt. Andreone et al. (2005) führten osteochronologische Untersuchungen (Altersbestimmung über Knochenmerkmale) an einer Population auf Nosy Be durch, die zeigten, dass nur wenige Tiere älter als ein Jahr waren.

Die Inkubation der Eier benötigt bei Pantherchamäleons zwischen 159 und 362 Tagen (Nečas 2004); vermutlich ist diese ungewöhnlich lange Inkubationszeit eine Anpassung an die Trockenperiode in der Natur. Die Jungtiere schlüpfen aus den Gelegen mit Beginn der folgenden Regenzeit (Rimmele 1999; Müller et al. 2004); zu diesem Zeitpunkt finden sie optimale Bedingungen zum Heranwachsen vor, denn Futter und Wasser ist während dieser Jahreszeit ausreichend vorhanden. Die Tiere reifen sehr rasch heran und erreichen bereits mit 5–6 Monaten das fortpflanzungsfähige Alter; allerdings erreichen nur etwa 10–40 % der geschlüpften Jungtiere dieses Alter (Ferguson et al. 2004).

Überleben die Jungtiere die Trockenzeit, beginnt mit Einsetzen der anschließenden Regenzeit die Paarungssaison. Nur sehr wenige der Tiere aus dem Vorjahr erleben noch eine zweite Paarungssaison. Dies gilt insbesondere für die Populationen an der Westküste, die dort ausgeprägten Trockenzeiten ausgesetzt sind. An der Ostküste, wo die klimatischen Schwankungen und jahreszeitlichen Unterschiede nicht so stark sind, kann sich der Lebenszyklus auch etwas verschieben. So wurden in Marojejy, an der Nordostküste Madagaskars, noch im September Jungtiere gefunden, die nicht älter als vier Monate waren. Die Tiere müssen also gegen Ende der Regenzeit (Mai/Juni) geschlüpft sein. Da in diesem Gebiet ganzjährig hohe Regenfälle zu erwarten sind, ist das Heranwachsen der Jungtiere dort also möglicherweise nicht so stark an die Regenzeit gebunden.

# Die lokalen Farbformen des Pantherchamäleons

Im Hauptteil des Buches werden wir nun die unterschiedlichen Pantherchamäleon-Populationen und ihre Lebensräume genauer vorstellen, um einen Überblick über die verschiedenen lokalen Farbformen zu geben und eine Vorstellung über die Habitate dieser faszinierenden Reptilien im Freiland zu vermitteln. Dabei folgen wir in unserer Darstellung einer Reiseroute, die im Nordwesten der Insel bei Ankaramibe beginnt und über die nördlichen Verbreitungsgebiete bis an die zentrale Ostküste reicht.

Verbreitung der in diesem Buch vorgestellten Lokalformen des Pantherchamäleons in Nordmadagaskar

## Ankaramibe

GPS: S13 59.01 E48 10.24

Die Siedlung Ankaramibe befindet sich an der nördlichen Westküste Madagaskars direkt an der Route Nationale 6 (RN 6). Von Ankaramibe folgen wir ab dem Fluss Sofia der für madagassische Verhältnisse recht gut ausgebauten Straße in Richtung Norden. Die Landschaft wird in dieser Region hügelig und immer grüner, da man hier auf die Ausläufer des östlich gelegenen Tsaratanana-Gebirges stößt. Es beschert der Region, die daher als eigene Klimazone (Sambirano-Klimazone) kategorisiert wird, auch eine höhere Niederschlagsmenge. Aufgrund der günstigen klimatischen Verhältnisse wird in diesem Gebiet Madagaskars sehr intensiv Landwirtschaft betrieben, was zur Folge hat, dass ein Großteil der ursprünglichen Vegetation schon in Kulturflächen umgewandelt worden ist. So stößt man hier sehr bald auch auf erste Kaffeeplantagen, die offensichtlich einen optimalen Lebensraum für Pantherchamäleons darstellen. Die ersten Pantherchamäleons konnten wir etwa 10 km südlich von Ankaramibe im lockeren Buschwerk der Sekundärvegetation antreffen.

Die Menschen leben hier in einfachen Hütten und ernähren sich von dem, was das Land hergibt. Direkt neben den Hütten werden verschiedene Nutzpflanzen wie Maniok, Bananen, Papaya und Mais angebaut. Auch auf diesen Agrarflächen kann man *Furcifer pardalis* als typischen Kulturfolger recht häufig antreffen.

Typische Ansiedlung im Nordwesten Madagaskars
Foto: T. Althaus

Die Körpergrundfärbung der Männchen dieser Lokalform, die umgangssprachlich auch „Pink Panther" genannt wird, ist Rosa. Je nach Stimmung kann dieses Rosa sehr hell erscheinen oder sich bei Stress in ein einheitliches Braun verändern. Die Vertikalstreifen sind meist nur schwach dunkel gefärbt sichtbar. Die Lippen sowie oft ein Ring um die Augenpupille und der Lateralstreifen sind weiß. Der Rückenkamm und die Schuppen der Helm-

Diese Kaffeeplantage in der Nähe von Ankaramibe ist ein Lebensraum für Pantherchamäleons
Foto: T. Althaus

Ein Männchen von Ankaramibe in der charakteristischen Normalfärbung
Foto: T. Althaus

außenkante erscheinen hellblau. Ein Schnauzenfortsatz in Verlängerung der Helmaußenkante ist deutlich zu erkennen. Insgesamt wirken die Männchen dieser Lokalform etwas kleiner als die Männchen aus anderen Regionen. Die Färbung der Weibchen hingegen reicht von Grau über Braun bis Orange, ohne spezifische Wiedererkennungsmerkmale für diese Region.

Das Revierverhalten der männlichen Pantherchamäleons ist sehr stark ausgeprägt, und eine Auseinandersetzung zwischen zwei ausgewachsenen Männchen stellt wahrlich ein imposantes Schauspiel dar. Sobald ein Rivale im Blickfeld eines Männchens erscheint, wird diesem zunächst eindeutig signalisiert, dass er unerwünscht ist. Dabei spielt die Fär-

Ein Weibchen auf Nahrungssuche
Foto: T. Althaus

bung der Tiere eine große Rolle. Handelt es sich um etwa gleichstarke Männchen von vergleichbarer Körpergröße, so zeigen sich beide zunächst in den schönsten und vor allem kontrastreichsten Farben. Zusätzlich flachen die Kontrahenten ihre Körper lateral ab, drehen sich seitlich zum Gegner und stellen ihren Kehlkamm auf. Dazu halten sie den zum Gegner weisenden Vorderarm unter den Kehlkamm, um noch größer und imposanter zu wirken. Zeichnet sich während dieser Machtdemonstration bereits ab, dass einer der Kontrahenten unterlegen ist, so dunkelt dieses Tier seine Farben ab und macht sich möglichst klein, indem es sich eng an den Ast oder Zweig presst oder sich auch unter den Ast dreht, um aus dem Blickfeld des dominanten Männchens zu kommen und nicht ernsthaft attackiert zu werden.

Ein solches Abschätzen des Gegners in Form eines ritualisierten Kommentkampfes dient dazu, dass beide Streithähne ihre Stärke testen können, ohne das Risiko eines echten Kampfes einzugehen, der zu gefährlichen Verletzungen führen kann. Nur wenn sich zwei ebenbürtige Rivalen gegenüberstehen und keiner von beiden weichen möchte, kommt es doch zu einem erbitterten Kampf.

Im März, am Ende der Regenzeit, sind die meisten Weibchen trächtig und somit nicht mehr am Balzverhalten der Männchen interessiert. Das Kopfnicken des Männchens wird nun vom Weibchen ignoriert; stattdessen droht dieses ihm oft mit hochaufgerichtetem, seitlich abgeflachtem Körper und reißt sein Maul weit auf.

**Oben: Zwei Männchen begegnen sich auf einem Zaun inmitten der Ortschaft Ankaramibe.**
**Mitte: Das überlegende Männchen geht zum Angriff über, deutlich ist die unterschiedliche Färbung der Tiere zu erkennen.**
**Unten: Blitzschnell verfolgt das dominante Männchen den Eindringling.**
Fotos: T. Althaus

Ein gravides Weibchen droht energisch dem werbenden Männchen im Hintergrund
Foto: T. Althaus

## Djangoa

GPS: S13 48.20 E48 20.06

Nachdem wir den Ort Ankaramibe verlassen haben, konzentrieren wir uns auf dem weiteren Weg in Richtung Norden auf eventuelle Übergangsfärbungen der pinkfarbenen Lokalform aus Ankaramibe und der bekannten Farbformen aus Djangoa und Ambanja.

Schattenspendende Bananenpflanzen und lockeres Buschwerk wie hier bei Djangoa werden gerne von Pantherchamäleons aufgesucht

Foto: T. Althaus

Trotz intensiver Suche über mehrere Jahre hinweg konnten wir in der Umgebung der Ortschaften Ambodimangatelo und Anjobory (ca. 15 km vor Djangoa) bisher keine nennenswerten Mischfärbungen der Tiere dieser beiden Regionen entdecken. Auch die Annahme, dass der Fluss Ambavani bei Djangoa vielleicht eine natürliche Barriere der Lokalformen darstellt, konnte nicht bestätigt werden.

Wir fanden das erste nicht pink gefärbte Pantherchamäleon etwa 7 km vor Djangoa. Die von dort in Richtung Norden gefundenen Exemplare unterscheiden sich eindeutig in Größe und Färbung von den Ankaramy-Tieren. Auch rund um Djangoa bilden Kaffeeplantagen und landwirtschaftlich genutzte Flächen einen idealen Lebensraum für die Pantherchamäleons, und wir konnten viele Tiere unterschiedlichen Alters und Geschlechts finden. Die Kulturflächen grenzen im Westen an die Mangrovenwälder der Pasindava-Bucht und im Osten an das Naturreservat Manongarivo.

Auffallend war, dass die Männchen aus Djangoa im Vergleich zu den in Ankaramibe gefundenen Männchen wesentlich größer und kräftiger waren. Die gemessene Gesamtlänge betrug bei vier Exemplaren mindestens 40 cm, wobei in Ankaramibe kein von uns vermessenes Männchen länger als 37 cm war. Die Körpergrundfärbung reichte von Grün bis Türkis, mit dunklen roten oder blauen Streifen. Die Lippen, Mundwinkel und der innere Augenring waren meist gelb gefärbt, die Augen selbst vollflächig rot. Deutlich zeichnete sich auch der weiße bis hellblaue Lateralstreifen ab. Die Weibchen variierten in ihrer Färbung in den üblichen Brauntönen; nur bei genauer Betrach-

Ein Blick auf den Fluss Ambavani Djangoa, den man als natürliche Grenze zwischen den Farbformen „Ankaramy pink" und „Ambanja" vermutet hat

Foto: T. Althaus

Adultes Männchen der Djangoa-Form auf Nahrungssuche in einer Kaffeeplantage
Foto: T. Althaus

tung erkannte man bei ihnen pastellfarbene Schuppen im seitlichen Kopfbereich. Eindeutige und sich wiederholende Alleinstellungsmerkmale haben wir bei den Pantherchamäleons aus der Region Djangoa nicht finden können; sie ähneln in ihrer Färbung stark den Tieren der Lokalform von Ambanja.

In den Kaffeeplantagen dieser Region konnten wir des Öfteren Pantherchamäleons aus drei Generationen finden. So beobachteten wir im selben Habitat Jungtiere im Alter von etwa 2–3 Monaten neben semiadulten Tieren in einem Alter von 6–8 Monaten und auch adulten Exemplaren.

Pantherchamäleons sind kurzlebige Tiere, wie im Kapitel „Lebenszyklus im Freiland" bereits geschildert. Im Freiland wurde eine hohe Mortalitätsrate von weiblichen *Furcifer pardalis* während

Jungtier in einer Kaffeepflanze
Foto: T. Althaus

Dieses semiadulte Männchen ist noch nicht voll ausgefärbt und besitzt schon einen imposanten Schnauzenfortsatz
Foto: T. Althaus

und kurz nach der Eiablage dokumentiert (Bourgat 1968), was wahrscheinlich auf die energieaufwendige Produktion der Eier und die kräftezehrende Eiablage zurückzuführen ist. Doch auch für männliche Tiere ist die Paarungszeit mit hohen energetischen Kosten verbunden; so wurde das bisher älteste männliche Tier auf ein Alter von nur zwei Jahren datiert (Andreone et al. 2005). Pantherchamäleons wachsen also innerhalb eines Jahres bis zur Geschlechtsreife heran, verpaaren sich und überleben in der Regel die darauffolgende Trockenzeit nicht.

Im März, am Ende der Regenzeit, sind viele Weibchen in der Gegend um Djangoa trächtig und somit auch nicht mehr empfänglich für die Balzversuche der Männchen. Sie drohen dann mit aufgerissenem Maul und färben sich fast schwarz.

Das Weibchen im Vordergrund wehrt energisch die Balzversuche eines Männchens ab und hat sich dabei dunkel gefärbt; helle Flecken treten an den seitlichen Flanken hervor
Foto: T. Althaus

## Ambanja

GPS: S13 38.10 E48 27.09

Folgt man von Djangoa der RN 6 in nördlicher Richtung, so erreicht man nach 17 km die Stadt Ambanja. Mit einer Post, verschiedenen Justiz- und Regierungsgebäuden, einem Krankenhaus, Banken, verschiedenen Werkstätten und über 35.000 Einwohnern zählt Ambanja zu den größten und bekanntesten Städten Madagaskars. Sobald man die markante Brücke über den Sambirano-Fluss überquert hat und der Hauptstraße folgt, säumen unzählige Marktstände und Verkaufsflächen den Weg. Ein Meer an Farben und Eindrücken, exotischen Früchten, unbekannten Gewürzen, rohem Fleisch, Gebrauchsgegenständen und Chinawaren aller Art findet man auf diesem Markt. In vielen kleinen Garküchen wird gekocht, gebraten und frittiert.

Aufgrund der Nähe zur Tsaratana-Bergkette und der günstigen Passatwinde herrscht ein besonderes Mikroklima in dieser Region. Der Fluss Sambiranao liefert das notwendige Wasser für die umliegende Vegetation und Landwirtschaft. Auf Plantagen werden hier hauptsächlich Kakao (*Theobroma cacao*), Kaffee (*Coffea canephora*) und Ylang-Ylang (*Cananga odorata*) angebaut. Kaffee und Kakao machen zwar nur einen geringen Teil der Weltproduktion aus, aber speziell der Kakao ist von ausgezeichneter Qualität. Die Blüten des Ylang-Ylang-Baumes wiederum dienen als wichtiger Grundstoff in der Parfümherstellung. Die Bäume werden so beschnitten, dass die Äste in Richtung Boden wachsen. So können die Blüten später leichter geerntet werden.

**Lichtdurchflutete Sekundärvegetation wird als bevorzugter Lebensraum von Pantherchamäleons genutzt**
Foto: T. Althaus

Die Plantagen in der Umgebung von Ambanja bieten hervorragende Lebensbedingungen für das Pantherchamäleon. Neben der Sekundärvegetation am Rande der Anpflanzungen liefern die Bäume genügend Schatten vor der brennenden Sonne. Gerade auch in den regenarmen Monaten von Mai bis Oktober, wenn die Niederschläge stark zurückgehen, findet sich hier Schutz vor schneller Austrocknung durch kleine Bäche und Wasserstellen. Trotzdem haben die Reptilien genügend Möglichkeiten, um sich an sonnenexponierten Stellen aufzuheizen.

Oft konnten wir adulte Männchen in der unteren Hälfte der Bäume auf 0,5–1,5 m Höhe finden. Es fiel auf, dass sie dort meist ohne jede Deckung an relativ freien Bereichen saßen. Vermutlich wollen die Männchen mögliche Rivalen abschrecken und in der Nähe befindliche Weibchen beeindrucken. Wir konnten auch beobachten, dass durchaus komfortable Sitzpositionen aufgegeben wurden, um sich einen neuen solchen Präsentationsplatz zu suchen. In den Kakaoplantagen ist es den Chamäleons mühelos möglich, sich zwischen den Bäumen auf dem Boden zu bewegen. Heruntergefallenes Laub, kleine Büsche und Totholz bieten bei einem Baumwechsel genügend Deckung.

Während und nach der Regenzeit sind manche Flächen in den Plantagen regelrecht überschwemmt und bilden dann eine durchgehende flache Wasserlandschaft. Dabei stellt sich heraus, dass Chamäleons hervorragende Schwimmer sind. Sie gehen freiwillig ins Wasser, um kurze Strecken schwimmend zurückzulegen. Dabei helfen ihnen ihre

Adultes Pantherchamäleon-Männchen im Lebensraum einer Kakaoplantage
Foto: T. Althaus

Diese seltene Dokumentation beweist, dass Pantherchamäleons freiwillig Wasserstellen aufsuchen und sie durchschwimmen können

Fotos: T. Althaus

Adulte Männchen des Pantherchamäleons in der Region Ambanja in ihrer variantenreichen Normalfärbung
Fotos: T. Althaus

großen Lungen, um wie ein aufblasbarer Wasserball an der Wasseroberfläche zu bleiben.

Pantherchamäleons aus der Region Ambanja gehören zu den varianten- und farbenreichsten Vertretern ihrer Art. Es gibt vielerlei Variationen in der Grundfärbung, in der Farbe der Vertikalstreifen und der des Kopfbereichs.

Die Färbung während der Trockenzeit verblasst deutlich, auch die Vertikalbänder sind dann nur noch schwach zu erkennen. Durch die Trockenheit gibt es kaum noch genügend Trinkwasser, sodass sich der allgemeine Gesundheitszustand der Chamäleons rapide verschlechtern kann. Da die Färbung auch mit Energiekosten für das Tier verbunden ist und teilweise durch die Ernährungslage beeinflusst wird, zeigen die Chamäleons zu dieser Jahreszeit keine aufwendigen Farbmuster. Auch Rivalenkämpfen wird in dieser Jahreszeit zumeist aus dem Weg gegangen.

**Die Männchen zeigen während der Trockenzeit deutlich blassere Farben**
Foto: P.-S. Gehring

**Während der Regenzeit sind die adulten Männchen sehr kontrastreich gefärbt**
Foto: T. Althaus

Ein intensiv ausgetragener Revierkampf zwischen zwei adulten Männchen

Fotos: T. Althaus

## Ankify

GPS: S13 33.27 E48 22.01

Wir verlassen Ambanja in nördlicher Richtung auf der RN 6 und folgen an einer Straßengabelung der asphaltierten Piste in Richtung Ankify. Dieser Ort ist hauptsächlich durch seinen kleinen Hafen bekannt. Will man zur Insel Nosy Be oder nach Nosy Komba übersetzen, geht kaum ein Weg an Ankify vorbei. Direkt an der Anlegestelle der Fähren und Boote bieten Händler Früchte, Getränke und kleine Mahlzeiten an. Wer seine Fähre verpasst hat, kann die Wartezeit in einfachen Restaurants, sogenannten Hotelys, verbringen.

Männliches Pantherchamäleon bei Ankify
Foto: T. Althaus

Auf der Straße in Richtung Hafen durchfährt man verschiedene Kulturflächen wie Reisfelder und kleinere Plantagen. Mangrovenwälder unterbrechen die Asphaltstrecke; als Brackwasserpflanzen ertragen Mangroven sowohl Salz- als auch Süßwasser. Das letzte Stück der Straße verläuft parallel zur Küste, einige Pensionen und kleine Hotels säumen den Weg. Große Kakaoplantagen sind hier weniger zu finden, aber die Pantherchamäleons fühlen sich auch in den Vorgärten der Hotels und in der Sekundärvegetation der umliegenden Gegend wohl.

Die Tiere dieser Region unterscheiden sich kaum von denen aus Ambanja. Ohne das sicher belegen zu können, schien es uns so, dass die Männchen hier etwas häufiger einen extrem orange gefärbten vorderen Rumpf- und Kopfbereich besäßen. Der Helmfortsatz der Männchen ist, wie auch bei den Chamäleons aus Ambanja, sehr kräftig ausgeprägt.

In diesem Gebiet beobachteten wir auf einem Ast die Begegnung eines männlichen Pantherchamäleons mit einem aufdringlichen Rivalen (siehe Fotoserie auf Seite 42). Der Eindringling ließ sich durch die Drohgebärden des ansässigen Männchen nicht einschüchtern, sondern forderte seinen Gegner heraus. Dazu stieg er nach oben auf den Ast und versuchte, seinen Konkurrenten von dort aktiv aus dem Weg zu schieben. Nach weiteren Drohungen entschloss sich das unterlegene Männchen, das Feld zu räumen, und sprang schließlich vom Ast. Der Herausforderer drohte dem Unterlegenen noch kurz hinterher, um seine Überlegenheit zu demonstrieren.

Ein adultes Männchen zeigt Drohgebärden
Foto: T. Althaus

Dieses Weibchen sitzt in einer Maniokpflanze
Foto: T. Althaus

Beim Kommentkampf zweier gleichgroßer adulter Männchen beanspruchen beide Tiere dasselbe Gebiet und bedrohen sich gegenseitig. Bevor es zu einer ernsthaften Auseinandersetzung kommt, rettet sich der Unterlegene durch einen Sprung. Das überlegene Männchen bedroht das flüchtende Tier nur solange, bis der Rivale das beanspruchte Revier verlassen hat.

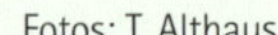

Fotos: T. Althaus

## Ambato

GPS: S13 31.43 E48 33.92

Wieder zurück auf der RN 6 bewegen wir uns wieder in Richtung Norden. Etwa 20 km nach Ambanja teilt sich die Straße, und eine unbefestigte Piste führt in Richtung Nosy Faly. Während der Trockenzeit ist dieser Weg einigermaßen befahrbar, doch während der Regenzeit ist es fast unmöglich, die Strecke mit dem Auto zu absolvieren. Ende März hatten wir zwar kaum Probleme, konnten aber erahnen, wie es hier wohl mit den Straßenverhältnissen während der Regenzeit aussieht.

Entlang des Weges bietet die Vegetation aus Büschen, Bäumen und verschiedenen Kulturpflanzen hervorragende Lebensbedingungen für *Furcifer pardalis*. Die Tiere finden hier genug Deckung, durch mehrere kleine Bäche ist ausreichend Wasser vorhanden, und die Chamäleons können im sandigen Boden auch leicht ihre Eier ablegen. Wie schon des Öfteren beobachtet, fühlen sie sich auch hier in der Nähe menschlicher Siedlungen wohl.

Sobald sich ein Chamäleon entdeckt fühlt, kann man meist beobachten, wie es versucht, sich hinter einem Ast zu verstecken – auch wenn dieser Ast nur ein dünner Zweig ist. Dabei kommt ihnen die Fähigkeit zugute, sich seitlich extrem abflachen zu können.

Ein junges Männchen im Habitat. Als Kulturfolger leben die Tiere oft in der Nähe von menschlichen Siedlungen.
Foto: T. Althaus

Die Grundfarbe der männlichen Chamäleons in dieser Region ist ein

Die Buschvegetation entlang der Route Ambato bietet einen idealen Lebensraum für *Furcifer pardalis*
Foto: T. Althaus

Männchen in Normalfärbung an sonnenexponierter Stelle
Foto: T. Althaus

Türkis- bis Hellblau, die Augenränder, Lippen und Mundwinkel sind gelb. An den Flanken werden die breiten, durchgehend weinrot gefärbten, vertikalen Querstreifen von einem weißen bis hellblauen Längsstreifen unterbrochen.

Interessanterweise nimmt die durchgehend weinrot gefärbte „Füllung" der Querstreifen in Richtung Küste (Nosy Faly) ab. Aber die Umrisse der Bänderung sind immer noch zu erkennen.

Die Weibchen dieser Region weisen keine besonderen Merkmale auf, die sich von denen der Weibchen aus anderen Regionen unterscheiden würden. Sie sind variabel braun, hellbraun bis ocker gefärbt.

**Adultes Männchen im Lebensraum bei Ambanja**
Foto: T. Althaus

**Weibchen beim Sonnenbad**
Foto: T. Althaus

# Nosy Be

GPS: S13 20.13 E48 18.31

Nosy Be (madagassisch: die große Insel) vor der Nordwestküste Madagaskars ist durch seine Traumstrände als Urlaubsinsel bekannt und touristisch fast vollständig erschlossen. Vor allem französische und italienische Touristen verbringen hier ihre Ferien in den Hotelanlagen mit westlichem Standard. Die Anreise erfolgt vom Fährhafen Ankify oder per Flugzeug von Antananarivo aus. Es gibt aber auch direkte internationale Flugverbindungen von Nosy Be nach Mailand, Rom, Paris, auf die Komoren oder nach La Réunion.

Die Länge dieser Insel beträgt rund 26 km und ihre Breite etwa 20 km; der Hauptort Hell Ville ist geprägt vom bunten Treiben der Einheimischen und der internationalen Touristen mit all den damit verbundenen Vor- und Nachteilen.

Für das Pantherchamäleon bietet Nosy Be das gesamte Jahr über hervorragende Lebensbedingungen, denn durch die günstigen klimatischen Verhältnisse sind die Tiere hier kaum extremen Trockenperioden ausgeliefert. Durch die geografische Lage nahe dem sogenannten Kalmengürtel (nahezu windstille Gebiete im Bereich des Äquators) herrschen auf der Insel meist nur schwache Winde, trotzdem können in den Wintermonaten auch Zyklonen auftreten. Insgesamt herrscht ein feucht-warmes Klima, die Temperaturen liegen von Oktober bis Mai zwischen 25 und 30 °C. Auch in den Wintermonaten, von Juni bis September, sinken die Werte nicht unter 21 °C. Der Niederschlag beträgt rund 2.000 mm pro Jahr (Mühr 2000).

Durch das eigene Mikroklima auf dieser Insel regnet es auch in der Trockenzeit relativ oft, was für eine üppige Vegetation sorgt. Im Südosten von Nosy Be, auf der Halbinsel Lokobe, befindet sich das gleichnamige Naturreservat, wo man noch üppige Sekundärvegetation und Reste von Primärwald finden kann. Zuckerrohrfelder, Gewürz- und Ylang-Ylang-Plantagen prägen die Landwirtschaft auf dem fruchtbaren Vulkanboden.

Wir konnten *Furcifer pardalis* auf Nosy Be an verschiedenen Orten finden, zum Beispiel in verschiedenen Plantagen, in der Buschvegetation entlang der Straße, in der Nähe der Hotelanlagen und sogar mitten in Hell Ville. Eine Studie zur Populationsdichte von Pantherchamäleons auf Nosy Be ergab für die gesamte Insel eine geschätzte Populationsgröße von 451.730 Tieren (Andreone et al. 2005).

Pantherchamäleons von der Insel Nosy Be gehören zu den bekanntesten Farbvarianten

**Diese Ylang-Ylang-Plantage ist ein idealer Lebensraum für** ***Furcifer pardalis***
Foto: T. Althaus

Drohende adulte Männchen der als „True Blue" bezeichneten Lokalform sind ein prächtiger Anblick
Foto: T. Althaus

ihrer Art. Die Grundfärbung der Männchen reicht von Grün bis zur besonders begehrten „True Blue"-Farbform. Der Körper wird seitlich von fünf Querbändern durchzogen, die je nach Stimmung und Jahreszeit unterschiedlich gefärbt sind. Bei den meisten Tieren sind diese Querbänder dunkler gefärbt als der restliche Körper. Bei einigen Männchen sind sie auch teilweise gesprenkelt oder rot gefärbt. Ein weißer bis hellblauer Lateralstreifen erstreckt sich von kurz hinter dem Kopf bis fast zur Schwanzwurzel. Die Lippen und Mundwinkel sind immer gelb, der Rückenkamm und die Helmkante unterscheiden sich kaum vom Rest der Körperfärbung. Die meisten Männchen weisen einen hohen

Drohende adulte Männchen sind ein prächtiger Anblick
Foto: T. Althaus

Rotanteil am Kopf auf. Oft erkennt man, vom Auge ausgehend, ein rotes strahlenförmiges Muster (Wagenrad-Muster) über die gesamte Kopfseite bis zum Kehlkamm.

Wir fanden hier Weibchen in den bekannten Erdfarben – also ohne erkennbare Besonderheiten, die nur für Nosy Be charakteristisch wären. Die Brauntöne sind sehr variabel und verändern sich je nach Jahreszeit, Stimmung und Alter der Tiere. Während der Paarungszeit sind die Weibchen noch am intensivsten gefärbt.

Adultes Weibchen auf Nosy Be
Foto: T. Althaus

Die Bilderserie zeigt den intensiven Revierkampf und das typische Kopfschieben zweier adulter Männchen
Fotos: T. Althaus

## Nosy Faly

GPS: S13 21.59 E48 29.27

Nosy Faly ist eine weitere kleine Insel im Nordwesten Madagaskars, die von Nosy Be aus mit der Fähre über den Seeweg erreicht werden kann. Nosy Faly ist aber auch von der Nationalstraße RN 6 auf einem etwas beschwerlichen, 20 km weiten Landweg erreichbar. An der Küste angekommen, ist die Insel nur etwa 300 m vom Festland entfernt. Mit Booten unterschiedlichster Art setzen Menschen, Tiere und Frachtgegenstände schnell und unkompliziert auf die Insel über.

Auf Nosy Faly erkennt man schnell, dass das Leben der Menschen hier stark vom Fischfang geprägt ist. An vielen Häusern und Bäumen sind Fangnetze aufgehängt, um sie zu reparieren oder für die bevorstehende Fischfangsaison vorzubereiten. Wir waren positiv überrascht, dass man sich hier tatsächlich an die Fangvereinbarungen zu halten scheint und verschiedene Fischarten nur zu bestimmten Zeiten fängt. Doch nach der Schonzeit am 1. April jedes Jahres ist die Fischsaison eröffnet, und alle hoffen auf einen guten Fang.

Verlässt man die Küstenregion und bewegt sich ins Landesinnere der Insel, so durchquert man bald eine kleine Siedlung und findet einige Reisfelder und kleine Plantagen vor. Meist wurden die Flächen zuvor brandgerodet, um Platz für Kulturpflanzen zu schaffen. Schmale, unbefestigte Pfade führen über die ganze Insel, die kaum 10 km lang und etwa 4 km breit ist. Vereinzelt stehen kleine Hütten in der Nähe der Felder, und es gibt auf Nosy Faly sogar ein kleines Ärztehaus und eine Schule. Leider war zu Zeiten unserer Anwesenheit beides nicht besetzt oder wurde nur ausnahmsweise geöffnet. In den *Jatropha-curcas*-Hecken (Purgiernuss) direkt vor der Schule konnten wir sehr oft Pantherchamäleons finden.

Betrachtet man die Vegetation, das Klima und die Nahrungsverhältnisse auf der Insel, so findet das Pantherchamäleon hier ideale Lebensbedingungen vor: Schattenspendende Bäume, ausreichend Wasser durch regelmäßige Niederschläge und verschiedene Insekten in allen Größen decken die Lebensbedürfnisse der Tiere hervorragend ab.

Während der Trockenzeit sind Pantherchamäleons nur selten und in unscheinbarer Färbung zu finden. Manche Inselbewohner behaupten sogar, dass sich die Tiere im Boden vergraben und dort die Trockenphase überdauern würden. Mit einsetzender Regenzeit

**Für Chamäleons ist diese Vegetation in der Nähe des Fischerdorfes auf Nosy Faly als Lebensraum gut geeignet**
Foto: T. Althaus

Oben: Hecken und Büsche in der Nähe menschlicher Siedlungen, wie hier diese *Jatropha-curcas*-Hecke, sind ein bevorzugter Lebensraum für das Pantherchamäleon auf Nosy Faly
Unten rechts und links: Käfer und Heuschrecken sind beliebte Futterinsekten
Fotos: T. Althaus

findet man *Furcifer pardalis* tatsächlich bald wieder in den unterschiedlichen Lebensräumen der Insel.

Die lokale Farbform auf Nosy Faly kann als Fortführung der Färbung vom Festland gesehen werden. Betrachtet man die durchgehend rot gefärbten Streifen der Tiere aus der Region Ambanja (um Andilambohay) und bewegt sich auf der Landzunge in Richtung Norden bis nach Nosy Faly, so verlieren diese roten Streifen dort zunehmend ihre äußere Begrenzung und werden immer blasser. Als Lokalform zwischen Ambanja und Nosy Faly haben wir die „Ambanja blue diamond"-Variante beobachtet, aber auch Ähnlichkeiten mit der Farbform von Nosy Be sind bei diesen Tieren erkennbar.

Die türkisblaue Grundfarbe des gesamten Körpers wird auf Nosy Faly von einem weißen bis hellblauen Lateralstreifen durch-

**Adulte Männchen auf Nosy Faly in Normalfärbung**
Fotos: T. Althaus

zogen. Die Mundwinkel, Wangen und Augen sind gelb und in den meisten Fällen mit vielen roten Punkten übersät. Bei manchen Tieren ist, vom Auge ausgehend, auch ein rotes strahlenförmiges Muster zu erkennen, so wie wir es von Nosy Be beschrieben haben. Rote Punkte und Flecken sind zufällig über den gesamten Körper verteilt, wodurch ein Muster wie „roter Regen“ (madagassisch: Oorana Mena) entsteht. Bei Erregung können zusätzlich hellblaue bis weiße Querbänder zu sehen sein. Der Rückenkamm und die Helmaußenkante unterscheiden sich in der Farbe nicht von der restlichen Körperfärbung.

Einzelne Männchen des Pantherchamäleons beziehen oft einen exponierten Platz in einem Baum, um die Umgebung nach potentiellen Rivalen abzusuchen. Sobald ein Nebenbuhler auftaucht, beginnt das Männchen seinen Platz zu verteidigen und versucht, den Eindringling durch eine intensive und kontrastreiche Färbung zu beeindrucken. Durch

Dieses adulte Weibchen zeigt seine Stimmungslage deutlich durch Drohen
Foto: T. Althaus

das seitliche Abflachen des Körpers und das Aufrichten des Kehlkamms vergrößert das Tier seine äußeren Umrisse und wirkt dadurch für sein Gegenüber bedrohlicher. Dieses Drohverhalten wird sowohl von männlichen als auch von weiblichen Pantherchamäleons genutzt.

Lässt sich ein vermeintlicher Rivale nicht durch Drohgebärden beeindrucken, kann es zu kurzen und heftigen Kämpfen kommen. Anfangs suchen sich die Kontrahenten durch „Kopfschieben" gegenseitig aus dem Weg zu schaffen, bei gleichen Kräfteverhältnissen kommt es dann zu Beißattacken.

Die Weibchen sind in den Büschen hervorragend getarnt und nur schwer zu entdecken. Ihre Färbung reicht wie in anderen Regionen von Dunkelbraun über Orange bis zu verschiedenen Ockertönen. Dazu kommt das variable Umfärben bei Stimmungsänderung, Drohen und Trächtigkeit. Auch die Jungtiere sind eher unauffällig gefärbt, ein Vorteil, um Fressfeinden zu entgehen.

Adultes Weibchen auf Nosy Faly im Habitat
Foto: T. Althaus

Mit aufgeblähtem Kehlkamm droht dieses Männchen einem Rivalen
Foto: T. Althaus

## Nosy Mitsio

GPS: S12 55.62 E48 35.51

Zahlreiche kleine Inseln mit weißen Traumstränden und üppiger Vegetation bilden den Mitsio-Archipel, der ungefähr 60 km nordöstlich von Nosy Be und 30 km vom Festland entfernt vor der Nordwestküste Madagaskars im Indischen Ozean liegt.

Es gibt dort viele geheimnisvolle Inselgeschichten, und es gelten unterschiedliche Fadys (Tabus) – was bedeutet, dass auf den meisten Inseln um Nosy Mitsio bestimmte Regeln befolgt werden müssen, um die Geister der Ahnen nicht zu verärgern. So darf man zum Beispiel auf einer Insel nur barfuß gehen, auf einer anderen dagegen sind Hüte verboten. Auf allen Inseln ist es Fady, mit ausgestrecktem Zeigefinger auf etwas zu deuten. Die Inselbewohner haben großen Respekt vor diesen Tabus und befolgen sie strikt. Es versteht sich daher von selbst, dass man auch als Besucher diese Fadys respektieren sollte. Einige der Inseln stehen Luxustouristen als Privatinseln zur Verfügung, die sich dort mit Tauchen, Schnorcheln und Hochseefischen die Zeit vertreiben.

Die Vegetation der Mitsio-Inseln besteht zum größten Teil aus Buschwerk und Kokospalmen. Die Buschvegetation erreicht eine Höhe von bis zu 3 m und ist teilweise undurchdringlich. In dem Gebüsch sind die grün gefärbten Männchen oft kaum zu entdecken.

Auf Mitsio werden verschiedene Kulturpflanzen wie Mais, Maniok oder Zuckerrohr angebaut, und in der Nähe der Hütten trocknen die Bewohner frisch gefangene Seegurken oder Fische, wodurch viele Insekten an-

Die Buschvegetation auf Nosy Mitsio bildet einen hervorragenden Lebensraum für Pantherchamäleons
Foto: T. Althaus

Das junge Männchen im dichten Buschwerk ist bestens getarnt

Foto: T. Althaus

**Ein adultes Männchen balzt um die Gunst eines Weibchens**
Foto: T. Althaus

gelockt werden. Die Pantherchamäleons profitieren davon und sind daher oft in der Nähe solcher „Trocknungsstellen“ zu finden.

Sobald ein adultes Männchen ein geschlechtsreifes Weibchen erblickt hat, verändert sich seine Grundkörperfarbe von einem unscheinbaren Grün zu intensivem Gelb. Dies ist wirklich ein erstaunliches Schauspiel, der gesamte Körper färbt sich, von der Unterseite ausgehend, in ein strahlendes Gelb. Dazu kann eine Rot- oder Orangefärbung auftreten, die sich manchmal auch nur in Form von Streifen an den Vorder- und Hinterbeinen zeigt. Vom Rücken ziehen weiterhin dunkle oder grüne Querstreifen zur Bauchseite, und ein weißer bis hellblauer Längsstreifen verläuft seitlich am Körper vom Kopf bis zu den Hinterbeinen. Der rote Rückenkamm und die dunkle Helmkante setzen sich nun deutlich vom Rest der Körperfärbung ab. Auch die Augen sind vollflächig rot, ein blasses dunkleres Strahlenmuster ist oft von der Augenmitte nach außen zu erkennen. Der Mundwinkel ist weiß bis hellgelb gefärbt, die Lippenschuppen sind weiß.

Die weiblichen Pantherchamäleons von Nosy Mitsio unterscheiden sich etwas von den Weibchen aus anderen Regionen. Die Tiere sind meist grau- bis hellgrün gefärbt, teilweise findet man hellbraune Färbungsanteile im Bereich des Kopfes, des Rückens und des Schwanzes. Ein weißer, mehrfach unterbrochener Lateralstreifen ist auf der Körperseite zu sehen.

Auf Mitsio konnten wir beobachten, wie ein paarungswilliges Männchen des Pantherchamäleons ein unwilliges Weibchen verfolgte. Das Weibchen versuchte, dem Männchen zu entkommen und machte schließlich durch Drohen deutlich, dass es nicht paarungsbereit war, bevor es endgültig das Weite suchte.

In intensiver Balzfärbung nähert sich das Männchen (links und rechts oben) dem Weibchen, doch dieses entzieht sich den Balzversuchen und flüchtet lieber (rechts Mitte und unten)
Fotos: T. Althaus

## Sirama

GPS: S13 05.27 E48 55.06

Zurück auf der Nationalstraße RN 6 geht es weiter nach Norden. Die Entfernung von der Einmündung der Straße nach Nosy Faly bis zum Ortseingang von Ambilobe beträgt ca. 65 km. Die RN 6 ist auf dieser Strecke gut ausgebaut und mit einem normalen PKW befahrbar. Man durchfährt einige kleinere Dörfer und überquert mehrere Brücken.

12 km hinter der Einmündung nach Nosy Faly finden wir an der Nationalstraße RN 6 noch Tiere, die der Lokalform „Ambanja Blue Diamond" entsprechen. Danach wird die Landschaft zunehmend offener, und an manchen Streckenabschnitten tritt nun eine steppenähnliche Vegetation auf. Nur an wenigen Stellen gibt es noch kleine Vegetationsinseln mit einigen Büschen und vereinzelten Bäumen, in denen zumeist ein paar Hütten stehen. Kurz nach der Regenzeit ist die Vegetation aber saftig grün und wird gern als Weide für Zebus genutzt. In diesem Gebiet befindet sich auch ein kleiner Fluss; somit steht genug Wasser für die Menschen, das Vieh und die Pflanzen zur Verfügung.

Wir hielten an einigen dieser Oasen, um herauszufinden, wie sich die typische Farbgebung der lokalen Chamäleon-Varianten verändern würde, konnten aber auf einer Strecke von 35 km keine Pantherchamäleons finden. Erst rund 9 km vor Ambilobe wurden wir in der Nähe einiger Hütten wieder fündig. Ein *Furcifer*-pardalis-Männchen lief an den dünnen Ästen eines Weidezauns entlang. Noch

Das Umfeld menschlicher Siedlungen ist ein idealer Lebensraum für das Pantherchamäleon
Foto: T. Althaus

Ein adultes Männchen etwa 5 km vor Ambilobe
Foto: T. Althaus

Adultes Männchen aus der Region um Sirama
Foto: T. Althaus

**Adultes Weibchen**
Foto: T. Althaus

hatte es uns nicht entdeckt und zeigte sich entspannt in seiner normalen Färbung. In seinem Farbmuster entsprach dieses Männchen ganz den Pantherchamäleons, die wir nach unserer Kenntnis den typischen Ambilobe-Tieren zuordnen würden. Das heißt, seine Grundfärbung war nicht mehr überwiegend Grünblau, sondern bestand hauptsächlich aus roten und grünen Tönen.

Kurz vor dem Ortseingang von Ambilobe muss man sich an einer T-Kreuzung entscheiden, in welche Richtung man seinen Weg fortsetzen möchte: nach links in Richtung Sirama oder nach rechts auf der RN 6 weiter nach Ambilobe.

Wir entscheiden uns zunächst für Sirama (madagassisch: Zucker, süß) und biegen von der Hauptstraße in Richtung Westen ab. Anfangs säumen noch einfache Hütten den Weg, und der Straßenbelag befindet sich in einem recht guten Zustand. Einige Hütten mit angrenzenden Gärten und schattenspendenden Bäumen bilden direkt neben der Straße einen idealen Lebensraum für *Furcifer pardalis*, und so dauert es meist nicht lange, bis man mehrere beeindruckend gefärbte Tiere finden kann.

Kaum eine lokale Farbform ist so variantenreich gefärbt wie die Tiere in der Region um Sirama und Ambilobe. Trotzdem versuchen wir, einige Besonderheiten dieser Pantherchamäleons herauszustellen. Die stressfreie Körpergrundfarbe der meisten Männchen in dieser Region ist Grün. Deutlich sind fünf breite, vertikal verlaufende Querstreifen in Blau oder Rot zu erkennen, von denen der zweite und dritte an die Buchstaben V oder Y erinnert. Ein meist hellblaues bis weißes Lateralband

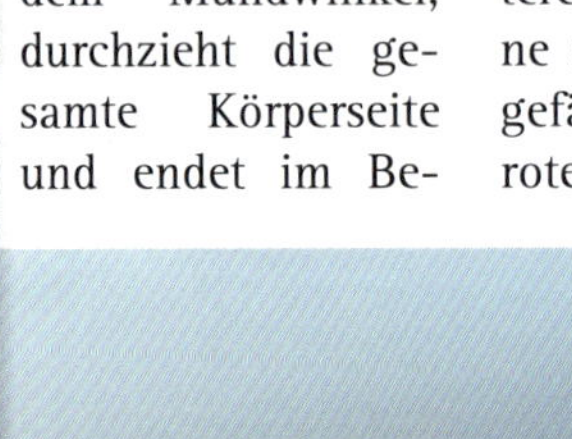

Dieses adulte Männchen zeigt seine Prachtfärbung
Foto: T. Althaus

beginnt kurz hinter dem Mundwinkel, durchzieht die gesamte Körperseite und endet im Bereich der Schwanzwurzel. Der Kopf, der untere Bauchbereich, die Vorder- und Hinterbeine sowie der Schwanz sind rot oder orange gefärbt. Die Beine und der Schwanz sind mit roten oder blauen Querbändern versehen. Die Lippen sind weiß, der Mundwinkel ist meistens gelb.

Bei Erregung verändert sich das Erscheinungsbild des Tieres extrem stark. Das Grün des Körpers wandelt sich nun fast vollständig in ein Gelb und Orange. Die Farbe der Querstreifen nimmt an Intensität zu, und der Kehlkamm färbt sich in ein strahlendes Rot. Der Rückenkamm passt sich der individuellen Körperfärbung an, die äußeren Schuppen der Helmkante erscheinen grau. Zusammenfassend kann man sagen, dass die Stressfärbung dieser

Der verfallene Hafen und verrostete alte Schiffe erinnern an bessere Zeiten. Sirama war früher ein wichtiger Umschlagplatz für Zuckerrohr, Fisch und Shrimps.
Foto: T. Althaus

Farbform wirklich sehr variantenreich ist und dass sich die Tiere auf einer Strecke von 30 km von Sirama bis Ambilobe kaum durch ein bestimmtes Farbmuster charakterisieren lassen.

Bereits nach kurzer Zeit wird die Straße immer schlechter, der Asphalt weniger, bis schließlich auf dem Rest der Strecke nur noch eine löchrige Schotterpiste übrig bleibt. Der Weg ist nun von Zuckerrohrfeldern, Schilfgras, Maniok- und Reisfeldern gesäumt. Bis kurz vor dem alten Hafen und den Fabrikgebäuden von Sirama gibt es kaum noch Bäume oder menschliche Siedlungen. Aber manchmal findet man *Furcifer pardalis* selbst hier im hohen Schilfgras, ein für uns und für die großen Chamäleons eher unerwarteter Lebensraum.

Im Hafen von Sirama liegen rostige Schiffswracks, und die alten Lagerhallen sind größtenteils der Witterung überlassen. Früher war dieser Ort ein wichtiger Umschlagplatz für Zuckerrohr, Fisch und Shrimps. Heute ist von dem damaligen Wohlstand dieser Region kaum noch etwas übriggeblieben. Die Dorfbewohner leben hauptsächlich vom Fischfang und von der Seegurkenernte für den asiatischen Markt. Fahrradboten bringen die frischen Fische in den Morgenstunden zum Markt nach Ambilobe.

Auch hier konnten wir im März, kurz nach der Regenzeit, Zeuge eines Kommentkampfes zweier Männchen werden. Der Eindringling versuchte seinen Rivalen hochbeinig und mit abgeflachtem Körper zu beeindrucken. Mit dem Zungenbein wurde der Kehlkamm weit gedehnt, sodass eine Reihe spitzer Stacheln bedrohlich zum Vorschein kam. Insgesamt war der Herausforderer fast vollständig rot gefärbt und attackierte sein Gegenüber. Nach einigen heftigen Beißversuchen und dem typischen „Kopfschieben" konnte das etwas größere Männchen sein Territorium schließlich verteidigen. Der unterlegene Rivale nahm eine unauffällige Färbung an und verließ schnell den Ort des Geschehens.

Sobald die Trockenzeit einsetzt, verändert sich das gesamte Gebiet zu einer trockenen Grassteppe. Oft werden Buschfeuer gelegt,

Selbst im Schilf leben bei Sirama trotz hoher Temperaturen vereinzelt Pantherchamäleons

Foto: T. Althaus

**Farbenprächtiger Anblick: Zwei spektakulär gefärbte männliche Rivalen bedrohen sich gegenseitig**
Fotos: T. Althaus

die kaum zu kontrollieren sind und riesigen Schaden anrichten, wenn sie tatsächlich außer Kontrolle geraten.

Pantherchamäleons kämpfen während dieser Zeit ums Überleben. Oft werden die Tiere Opfer der Flammen, wenn sie nicht schnell genug über den Boden flüchten können. Die Flucht auf die Bäume endet meist mit dem sicheren Tod. Aber nicht nur das Feuer ist in der Trockenzeit lebensbedrohlich, sondern auch die extreme Hitze, verbunden mit der langen Trockenphase. Terrarianer, die *Furcifer pardalis* halten, wissen, wie ausgiebig diese Chamäleons trinken. Unser madagassischer Guide Goulam Eugene Maximilien vermutet, dass die gelbe Färbung der Männchen ein sicherer Indikator für Überhitzung und Dehydrierung ist. Er bestätigte uns, dass viele Pantherchamäleons die trockene Zeit nicht überleben. Dorfbewohner berichteten davon, dass die Tiere dann „am Boden schlafen" würden.

## Ambilobe

GPS: S13 10.30 E49 03.46

Oft begegnet man auf den Straßen nach Ambilobe den sogenannten Taxi Brousse (Buschtaxis), die Personen und alle möglichen Waren transportieren. Es ist wirklich erstaunlich, wie viele Personen in diesen Fahrzeugen Platz finden und wie – mit viel Geschick – Kisten, Gepäck und Waren aller Art auf dem Dach befestigt werden.

Es sind etwa 15 km von Sirama nach Ambilobe, bevor man wieder die gut asphaltierte RN 6 erreicht. Entlang der Straße wachsen nun vermehrt große Mangobäume, und die Anzahl der vereinzelt stehenden Hütten nimmt zu.

Auch hier findet man Pantherchamäleons in den Vorgärten entlang der Straße oder in den verwilderten Weidegebieten zwischen den Hütten.

Hat man die große Brücke über den Mahavavy-Fluss überquert, ist es nicht mehr weit, und man befindet sich bald auf dem größten Markt dieser Region. Ambilobe ist ein wichtiges Handelszentrum, auch für die überregionalen Gebiete Madagaskars. So sind es ca. 90 km nach Ambanja, 100 km nach Antsiranana (Diego Suarez) und 100 km zur Ostküste nach Vohémar. Hier laufen die wichtigen Verkehrsadern zusammen, und man kann Waren aller Art kaufen.

Innerhalb der Stadt Ambilobe haben wir keine Chamäleons gefunden. Das könnte daran liegen, dass es hier kaum geeigneten Lebensraum gibt oder dass durch die hohe Bevölkerungsdichte jedes gefundene Pantherchamäleon sofort getötet wird. Leider sind die Reptilien wie schon beschrieben bei gro-

Direkt am Ortseingang von Ambilobe leben Pantherchamäleons

Foto: T. Althaus

Dieses ausgewachsene Pantherchamäleon-Männchen stammt aus dem Gebiet um Ambilobe
Foto: T. Althaus

Adultes Pantherchamäleon-Weibchen bei Ambilobe
Foto: T. Althaus

ßen Teilen der madagassischen Bevölkerung sehr unbeliebt. Auch Kinder haben meist Angst vor den Chamäleons und attackieren sie mit Stöcken und anderen Gegenständen, was nicht selten zum Tod der Tiere führt.

Findet jemand ein Chamäleon, so zeigt er niemals mit ausgestrecktem, sondern nur mit gekrümmtem Zeigefinger auf das Tier. Alles andere wäre Fady. Fadys sind – wie oben beschrieben – Tabus, die den Menschen von ihren Vorfahren auferlegt wurden und an die man sich unbedingt halten muss. Manchmal muten einem diese Regeln vielleicht merkwürdig an, doch aus Respekt den Menschen und ihrer Kultur gegenüber sollte man sie unbedingt befolgen.

Die Farbform von Ambilobe lässt sich einem relativ ausgedehnten Gebiet im Nordwesten Madagaskars zuordnen. Auf der RN 6 aus Richtung Süden kommend, fanden wir die ersten Chamäleons dieser Lokalvariante etwa 9 km vor dem Fluss Mahavavy, in nördlicher Richtung 48 km von Ambilobe entfernt. Wir hatten generell den Eindruck, dass die Populationsdichte der Pantherchamäleons in Richtung Norden immer mehr abnimmt.

Die Körpergrundfärbung der meisten Männchen im Gebiet um Ambilobe ist Grün. Deutlich sind fünf breite, vertikal verlaufende Querstreifen in Blau oder Rot zu erkennen, bei denen der zweite und dritte an die Buchstaben V oder Y erinnern. Ein meist hellblaues bis weißes Längsband beginnt kurz hinter dem Mundwinkel, durchzieht die gesamte Körperseite und endet im Bereich der Schwanzwurzel. Der Kopf, der untere Bauchbereich, die Vorder- und Hinterbeine sowie der Schwanz sind Rot und Orange gefärbt. Die Beine und der Schwanz sind mit roten oder blauen Querbändern versehen. Die Lippen sind weiß, der Mundwinkel ist meistens gelb.

Die Weibchen sind ähnlich wie in anderen Regionen Madagaskars unauffällig gefärbt,

Adultes Pantherchamäleon-Männchen der Ambilobe-Form
Foto: T. Althaus

Panoramablick in das weite Tal in der Nähe von Ambilomagodro
Foto: T. Althaus

Dieses prächtige Männchen befindet sich in der Drohposition
Foto: T. Althaus

von orange über hellbraun bis hin zu fast schwarz, und wir haben keine regionaltypische Färbung festgestellt.

Bei Erregung der Männchen verändert sich das Grün des Körpers fast vollständig zu Gelb und Orange. Die Farbe der Querstreifen nimmt nun an Intensität zu, der Kehlkamm färbt sich in strahlendes Rot. Der Rückenkamm passt sich der individuellen

Ein adultes Männchen mit ausgestülptem Hemipenis
Foto: T. Althaus

Körperfärbung an, und die äußeren Schuppen der Helmkante erscheinen meist grau bis hellblau. Zusammenfassend kann man sagen, dass auch die Stressfärbung dieser Farbform sehr variantenreich ist und sich die Tiere von Sirama bis Ambilobe auf einer Strecke von weit über 35 km kaum durch eindeutige Merkmale unterscheiden lassen.

Vor allem wenn äußere Reize wie Rivalen, Weibchen oder Feinde die Tiere stimulieren, verändert sich die Grundfärbung der Männchen innerhalb weniger Sekunden, und sie erstrahlen nun in den spektakulärsten Farben.

Dieses semiadulte Männchen zeigt einen hohen Blauanteil in seiner Färbung
Foto: T. Althaus

Das typische Kopfschieben zweier männlicher Kontrahenten
Foto: T. Althaus

Bei ebenbürtigen Männchen kann es durchaus zu aggressiven Beißattacken kommen
Foto: T. Althaus

Wir beobachteten in diesem Gebiet zwei fast gleich große Männchen, die auf einem exponierten Platz aufeinandertrafen und dort voreinander posierten, um den Rivalen zu beeindrucken. Bei ausgeglichenem Kräfteverhältnis versuchten sich die Kontrahenten zunächst durch kräftiges „Kopfschieben" aus dem Weg zu räumen. Nach einigen aggressiven Attacken erkannte das schwächere Männchen aber bald seine Unterlegenheit und räumte das Feld.

In den Monaten Juni bis Dezember steigt die Lufttemperatur zumeist auf über 30 °C, und es herrscht eine lange, teils extreme Dürre. Pantherchamäleons leiden sehr unter diesen klimatischen Bedingungen und kämpfen während dieser Zeit ums Überleben. In der ausgetrockneten Umgebung konnten wir die von Einheimischen beschriebene starke Gelbfärbung der Männchen bei Trockenheit beobachten.

Die ausgeprägte Gelbfärbung dieses adulten Männchens während der Trockenzeit ist ein Zeichen starker Dehydrierung
Foto: T. Althaus

## Ambohitra (Joffreville)

GPS: S12 29.99   E49 12.22

Ungefähr 30 km südlich von Antsiranana befindet sich der kleine Ort Joffreville (auch Ambohitra). Er ist recht bekannt, weil man von hier den Eingang zum Nationalpark Montagne d'Ambre erreicht. Dieses 18.200 ha große Schutzgebiet erstreckt sich auf einer Höhe zwischen 850 und 1.475 m ü. NN über zwei Bergrücken und umfasst auch das Waldgebiet von Foret d'Ambre.

Am Fuße der Montagne d'Ambre findet man ein für den Norden Madagaskars eher untypisches Gebiet mit eigenem, angenehm kühlem Klima vor. Man kann Pantherchamäleons der dortigen Lokalform zum Beispiel auf der rund 20 km langen Strecke von der RN 6 bis Joffreville und weiter bis zum Eingang des Nationalparks beobachten. Die Chamäleons bevorzugen 1–3 m hohe Büsche in der Nähe von großen, schattenspendenden Bäumen. Nachts fanden wir schlafende Pantherchamäleons auch in den Hecken entlang dem Weg zum Eingang des Nationalparks, sogar bis auf 800 m ü. NN – nach unserer Kenntnis einer der höchstgelegenen, bisher belegten Fundorte für *Furcifer pardalis.*

**Ein adultes Weibchen überquert die Straße bei Ambohitra (Joffreville)**
Foto: T. Althaus

**Adultes Männchen aus der Region von Ambohitra (Joffreville)**
Foto: T. Althaus

**Adultes Männchen der Ambohitra-Form**
Foto: T. Althaus

Im Ort selbst wurden während der Kolonialzeit großzügige Villen für die französischen Offiziere errichtet. Heute werden die Gebäude teilweise noch bewohnt, als Herberge vermietet, oder

**Adultes Weibchen**
Foto: T. Althaus

**Dieses adulte Männchen im Oktober zeigt die typische Färbung zur Trockenzeit**
Foto: T. Althaus

sie verfallen und werden wie andere Hinterlassenschaften von Palmen und anderen Pflanzen überwuchert. Auch in den Gärten und auf den kultivierten Grundstücken der Bewohner konnten wir einige Exemplare von *F. pardalis* finden.

Pantherchamäleons der Lokalform von Joffreville sind im Vergleich mit anderen Lokalformen wie die von Ambilobe oder Ambanja weniger bekannt. Trotzdem weisen die Tiere aus diesem Gebiet einige Besonderheiten auf, die genügen, um sie als eigene Lokalvariante beschreiben zu können.

Die Grundfärbung der Männchen ist ein durchgehend dunkles Grün. Ein weißes, manchmal hellblaues Längsband verläuft von kurz hinter dem Kopf bis fast zur Schwanzwurzel. Die seitlichen vertikalen Querstreifen sind je nach Stimmung und Jahreszeit unterschiedlich kräftig gefärbt. Bei den meisten Tieren sind die Streifen dunkelrot gefüllt. Diese Rotfärbung findet man unregelmäßig auch an anderen Körperstellen wie zum Beispiel Knie, Ellenbogen, Rückenkamm und Schwanz. Das markanteste, immer wiederkehrende Merkmal dieser Lokalform sind aber die vollflächig rot gefärbten Augenlider. Bei einigen Männchen ist zusätzlich ein dunkles Wagenradmuster zu erkennen. Die Lippen sind weiß, der Mundwinkel ist meist ebenfalls weiß, manchmal etwas gelb. Bei steigenden Temperaturen ist die gesamte Unterseite vom Kehlkamm bis zur Schwanzspitze gelb gefärbt und geht nach oben in Grün über.

Die Weibchen weisen im Vergleich zu anderen Lokalformen keine speziellen Merkmale auf. Ihre Färbung reicht von Orange über Hell- und Dunkelbraun bis hin zu Sandfarben.

Wegen der speziellen klimatischen Situation in und um Joffreville gibt es auch hier eine Trockenzeit, die man den Tieren auch äußerlich ansieht. Die Körperfärbung ist dann nicht mehr so intensiv, das Grün wird blasser, und die ehemals rot gefärbten Bereiche sind nur noch blass dunkelbraun. Auch die roten Augenlider erscheinen nur noch blass rotbraun. Der Lateralstreifen tritt nun meist kräftig weiß hervor.

## Antsiranana (Diego Suarez)

GPS: S12 18.18 E49 21.69

Wieder zurück auf der RN 6, geht es weiter in Richtung Norden, nach Antsiranana, in die Hauptstadt der Region Diana. Bis 1975 war die Stadt nach dem portugiesischen Entdecker Diego Suarez benannt, der 1543 hier gelandet war. Heutzutage ist neben den Bezeichnungen Antsiranana und Diego Suarez auch noch die Kurzform Diego gebräuchlich.

Antsiranana war bis 1974 eine der wichtigsten Basen der französischen Marine im Indischen Ozean. Bereits nach der Unabhängigkeit Madagaskars 1960 verlor sie ihre ursprüngliche Bedeutung, spielte aber weiterhin für die zivile Schifffahrt eine bedeutende Rolle und ist heute der drittgrößte Hafen des Landes. Im Vergleich zu anderen Städten Madagaskars ist Antsiranana besonders stark geprägt von indisch-pakistanischen und europäischen Einflüssen. Antsiranana unterscheidet sich von den meisten madagassischen Städten auch durch die vielen, meist mehrstöckigen Häuser und geteerten Straßen. Auf dem riesigen, zentralen Markt werden täglich Waren aller Art verkauft, und es werden in verschiedenen Shops auch jede Menge Tierpräparate wie Krokodillederwaren als Souvenirs für Touristen angeboten. Der Artenschutz spielt dabei eine eher untergeordnete Rolle.

Kurz nach den regenreichen Monaten ist die Straße nach Antsiranana ab März meist wieder recht gut befahrbar. Einige große Pfützen und Schlaglöcher lassen aber die großen Probleme während der Regenzeit erahnen. Während der Trockenzeit, in den Monaten Mai bis Oktober, ist das Wetter im gesamten Gebiet in und um Diego Suarez extrem heiß und trocken.

Die hügelige Landschaft links und rechts der Straße ist vor allem durch Gras- und Buschvegetation gekennzeichnet. In der Nähe von Siedlungen und Dörfern ist die Buschlandschaft zudem von Reisfeldern und anderen Agrarflächen unterbrochen. Einzelne Bäume haben die regelmäßig in dieser Region auftretenden Buschfeuer überlebt und spenden mit ihren Baumkronen Schatten. Es lohnt sich, an diesen Baumoasen auf offener Strecke nach Chamäleons zu suchen. Obwohl

Ein ausgewachsenes Männchen am Stadtrand von Antsiranana, aus Richtung Süden kommend
Foto: T. Althaus

Ein Weibchen (links) und Männchen (rechts) von *Furcifer oustaleti*. Das Riesenchamäleon kommt oft im selben Lebensraum mit den Pantherchamäleons vor.
Fotos: T. Althaus

Pantherchamäleons sehr sonnenbedürftig sind, suchen sie regelmäßig auch Schattenplätze auf, um dort zu verweilen und der Überhitzung zu entgehen. Insgesamt haben wir auf der 7 km langen Strecke entlang der RN 6 von Joffreville bis zum Ortseingang von Antsiranana aber nur wenige Pantherchamäleons gefunden.

Innerhalb der Stadt konnten wir gar keine Pantherchamäleons beobachten. Im Hafengebiet und auf einigen öffentlichen Plätzen waren aber Riesenchamäleons (*Furcifer oustaleti*) zu finden. Das Riesenchamäleon scheint mit den Lebensbedingungen in der Stadt wie extreme Hitze und Trockenheit besser zurechtzukommen.

Wo aber kann man Pantherchamäleons der Farbform „Diego Suarez“ dann am besten finden? Eine gut ausgebaute Asphaltstraße führt parallel zur Küste in Richtung Osten,

Zwei endemische Baobabs (*Adansonia suarezensis*) im Lebensraum der Pantherchamäleons
Foto: T. Althaus

nach Ramena an der Bucht von Andovobazaha. Direkt am Straßenrand verkaufen Fischerfamilien Muscheln und Flaschen, gefüllt mit kleinen Kunstwerken aus gefärbtem Sand. Sehr gut kann man von hier auf den bekannten „Zuckerhut" von Antsiranana sehen. Entlang dieser Straße findet man vereinzelt auch Häuser, einige Hütten und kleine bis größere Hotels. Nach ungefähr 10 km beginnen außerhalb der Stadt die ersten Ausläufer der Montagne de Francais, ein fast 450 m hohes Kalksteinmassiv, das sich nun auf der rechten Seite der Straße erhebt. Die hügelig geformten Berghänge sind bewachsen, und neben anderen, oft endemischen Pflanzen sieht man vereinzelt auch große Exemplare der seltenen und gefährdeten Baobabs (*Adansonia suarezensis*). Hier verändert sich die Vegetation, und die Büsche und Bäume entlang der Straße bieten nun gute Lebensbedingungen für *Furcifer pardalis*.

Blick auf den Zuckerhut von Diego Suarez
Foto: T. Althaus

Typischer Lebensraum von *Furcifer pardalis* in der Region von Antsiranana
Foto: T. Althaus

Und so dauert es in dieser Gegend meist nicht lange, bis man das erste Pantherchamäleon findet. Anfang März gibt es noch genügend Niederschläge, und die Tiere machen einen gesunden und kräftigen Eindruck.

Die Grundfärbung der Männchen aus Joffreville und Antsiranana ist sich sehr ähnlich. Auch bei Antsiranana sind Körper, Kopf, Gliedmaßen und Schwanz überwiegend grün gefärbt, während die fünf Querbänder je nach Stimmung und Jahreszeit unterschiedlich kräftig ausgeprägt sind. Abhängig von der Stimmungslage können sie von dunklem Braun zu hellem Rot variieren. Die Augenlider sind wie in Joffreville rot und werden von einem wagenradähnlichen Muster durchzogen. Die Lippen sind weiß, auch der Mundwinkel ist meist weiß, manchmal leicht gelb. Ein weißes bis hellblaues Lateralband verläuft von kurz hinter dem Kopf bis fast zur Schwanzwurzel. Bei steigenden Temperaturen

Männliches Pantherchamäleon im Gebiet von Antsiranana
Foto: T. Althaus

und unter starkem Stress können sich die Männchen in dieser Region fast vollständig gelb umfärben, sodass nur noch wenige hellgrüne Bereiche übrigbleiben. Auch die Querstreifen an den Körperseiten intensivieren dann ihre orangerote Färbung. In diesem Zustand werden meist auch gleichfarbige Ringe um Schwanz und Gliedmaßen sichtbar.

Ein drohendes Männchen
Foto: T. Althaus

Pantherchamäleon-Männchen im natürlichen Habitat
Foto: T. Althaus

Im Radius von etwa 12 km um Antsiranana herum konnten wir Tiere mit den genannten Merkmalen finden. Interessant wäre nun die Suche nach weiteren Farbformen im äußersten Nordosten oder Nordwesten von Madagaskar. Allerdings können diese Gebiete aufgrund fehlender Infrastruktur und militärischer Sperrzonen bis heute kaum bereist werden.

Adultes Weibchen von *Furcifer pardalis*
Foto: T. Althaus

Ein junges Männchen des Pantherchamäleons bei Vohémar
Foto: T. Althaus

# Vohémar (Vohimarina, Iharana)

GPS: S13 22.21 E49 59.07

Nachdem wir die verschiedenen Farbformen entlang der Westküste und im Norden Madagaskars beschrieben haben, wenden wir uns nun der Ostküste der Insel zu. Immer noch im Nordteil Madagaskars, ca. 170 km von der Nordspitze entfernt, beginnen wir unsere Tour entlang der Ostküste in Vohémar (auch Vohimarina oder Iharana).

Die wichtige Hafenstadt mit ca. 25.000 Einwohnern besitzt einen kleinen Flughafen und gehört zur sogenannten Sava-Region in Madagaskar, der außerdem Sambava, Andapa und Antalaha angehören. Die Bezeichnung „Sava" setzt sich aus den Initialen der vier Städtenamen Sambava, Antalaha, Vohémar und Andapa zusammen. Es gibt verschiedene Möglichkeiten, um nach Vohémar zu gelangen, zum Beispiel auf dem Landweg über die RN 5A aus Richtung Sambava oder über die abenteuerliche Strecke entlang der RN 5A aus Richtung Ambilobe.

Wir konnten auf dem Weg von Ambilobe nach Vohémar nur zwei Pantherchamäleons finden, in jedem Fall zu wenige Tiere, um eine eigene Farbform dieser Region charakterisieren zu können. Unser Guide Goulam hat ein schönes Männchen in der Nähe der Ortschaft Bobantsivero ca. 20 km westlich von Vohémar gefunden; ein weiteres junges Männchen direkt am Ortseingang ließ dagegen keine Schlüsse auf die spätere Adultfärbung zu. Zudem verändert sich das äußere Erscheinungsbild dieser Chamäleons auch dramatisch während der Trockenzeit. Es sind dann so gut wie keine Schmuckfarben mehr zu erkennen, sondern ausschließlich Grau- und Brauntöne. Die Überlebenschancen während der Trockenzeit sind für die Pantherchamäleons in diesem Gebiet äußerst gering, weil es dort an natürlichen Wasserressourcen mangelt und die Gegend dann an eine Savannenlandschaft erinnert.

Erst nach der Regenzeit ist die RN 5A – mit Einschränkungen – zu passieren
Foto: T. Althaus

Während der Trockenzeit im September ist dieses adulte Männchen unscheinbar graubraun gefärbt
Foto: P.-S. Gehring

## Sambava

GPS: S14 15.27 E50 03.65

Von Vohémar aus begeben wir uns nun an der Ostküste entlang in Richtung Süden. Eine der größeren Städte und zugleich Hauptort der Region Sava ist Sambava (madagassisch „Sahambavany": Wo die Flüsse ins Meer fließen, nachdem sie sich vereint haben).

Dieser Teil der nördlichen Ostküste zeichnet sich durch besonders hohe Niederschlagsmengen und fruchtbare Böden aus. Im Durchschnitt regnet es hier 13–15 Tage im Monat, und Niederschlagsmengen bis zu 4.000 mm pro Jahr sind keine Seltenheit. Vor allem von November bis April können starker Regen und häufige Zyklonen erheblichen Schaden anrichten.

Neben Reis, Kokos, Litschis und anderen tropischen Früchten ist der Anbau von Vanille eine wichtige Einnahmequelle der ansässigen Bauern. Große Teile der Vegetation in diesem Gebiet bestehen inzwischen aus Vanilleplantagen. Da Vanille keine direkte Besonnung erträgt, stehen in den Plantagen meist noch größere Bäume und beschatten die wertvollen Orchideenpflanzen. Aus diesem Grund weisen Vanille- und auch Kaffeeplantagen zumeist eine höhere Artenvielfalt auf als die Monokulturen der Reisfelder oder Zuckerrohrpflanzungen. Für Pantherchamäleons stellen Vanilleplantagen offensichtlich optimale Lebensräume dar.

Die Straße RN 5A ist allgemein in recht gutem Zustand, und so kann man während der Fahrt in Ruhe Ausschau nach Pantherchamäleons halten. Kurz vor Überqueren des Bemarivo-Flusses konnten wir zum Beispiel ein prächtiges Männchen am Straßenrand entdecken. Die Vegetation entlang der Straße entspricht aufgrund des sonnendurchfluteten, aber auch schattigen Buschwerks genau den Ansprüchen der Reptilien. Nicht selten überqueren Chamäleons dort auch die Straße, und mit Glück erreichen sie die andere Seite. Doch bei dem stetig steigenden Verkehr fallen immer mehr

Ein *Furcifer-pardalis*-Männchen im Lebensraum bei Sambava
Foto: T. Althaus

Chamäleons – wie auch viele andere Tiere – den Fahrzeugen zum Opfer.

Interessant war der Fund eines extrem deformierten Jungtieres in einem Garten in Sambava. Dieses Pantherchamäleon wies vor allem entlang der Wirbelsäule starke Verformungen auf, sodass seine Hüfte unter den Bauch verschoben war und die Schwanzwirbelsäule wie eine Ziehharmonika geformt war. Das Erstaunliche daran war, dass dieses Tier bereits mehrere Monate alt war und trotz dieser starken Deformation offensichtlich unentdeckt im Buschwerk überleben konnte. Sein Überleben hat sicher auch damit zu tun, dass sich Chamäleons als Ansitzjäger mit ihrer einmaligen Zungenfangtechnik nicht viel bewegen müssen. Über die Gründe dieser Deformation lässt sich nur spekulieren, neben genetischen Defekten können auch Inkubationsprobleme oder chemische Einflüsse ursächlich sein.

Pantherchamäleons auf der Straße leben gefährlich
Foto: T. Althaus

Auf dem weiteren Weg von Sambava auf der RN 5A und später auf der RN 3B in Richtung Andapa und zum Marojejy-Nationalpark konnten wir ebenfalls Pantherchamäleons in den Gärten der Menschen oder entlang der Straßen finden.

Die Landschaft rund um Andapa und im Marojejy-Gebiet ist besonders eindrucksvoll. Seit 2007 gehört der Nationalpark zum UNESCO-Weltkulturerbe. Auf 55 ha Fläche leben diverse seltene Pflanzen und Tiere, zum Beispiel 35 Palmenarten und mindestens 275 unterschiedliche Farne sowie 149 Arten von Reptilien und Amphibien und 118 Vogelarten. Im Nationalpark leben außerdem elf Lemurenarten wie zum Beispiel der extrem seltene Sei-

Dieses Jungtier im natürlichen Lebensraum zeigt extreme Missbildungen
Foto: P.-S. Gehring

Kopfporträt eines Männchens aus Sambava
Foto: P.-S. Gehring

Dieses gravide Weibchen bedroht ein Männchen, das sich gerade nähert
Foto: T. Althaus

Porträt eines Weibchens aus Sambava
Foto: P.-S. Gehring

densifaka (*Propithecus candidus*). Ein Großteil dieser einzigartigen Fauna und Flora gilt noch als unerforscht.

Im Nationalpark haben wir Pantherchamäleons bis auf eine Höhe von 540 m ü. NN gefunden. Die Grundfärbung der ausgewachsenen Männchen im entspannten Zustand ist dort grün. Vom Kopf bis zur Schwanzwurzel finden sich am Körper 5–6 meist durchgehend gefärbte Querstreifen, die je nach Jahreszeit und Stimmung von blassgrau bis hin zu fast schwarz variieren. Der Lateralstreifen ist meistens hellblau, manchmal weiß gefärbt. Die Augenlider sind rot und mit einem dunklen Wagenradmuster gezeichnet. Bei Erregung können sich der Kopf, der Schwanz, die untere Bauchseite und die Extremitäten rot oder orange färben.

Die Färbung der Weibchen ist, je nach Stimmung und Jahreszeit, den Erdtönen angepasst. Wir haben bei den Weibchen keine Alleinstellungsmerkmale für diese Region feststellen können.

Auf der Fahrt zum Marojejy-Nationalpark bietet sich ein schönes Landschaftspanorama
Foto: T. Althaus

Unterschiedlich gefärbte adulte Männchen von *Furcifer pardalis* im Gebiet des Marojejy-Nationalparks
Fotos: T. Althaus

## Andapa

GPS: S14 39.75 E49 39.70

Die Region um Andapa sieht kurz vor dem Ende der Trockenzeit im Vergleich zu anderen Gebieten immer noch recht grün aus. In der Zeit von Mai bis November/Dezember nehmen die Niederschläge allerdings deutlich ab. Die Färbung der Tiere wird nun unscheinbar, und die Querstreifen sind kaum noch zu erkennen. Außerdem geht der Rotanteil am gesamten Körper extrem zurück.

Während eines Aufenthaltes im Juli ließ sich die Sonne nur selten blicken, sodass man an den wenigen Sonnenstunden des Tages regelmäßig Chamäleons beim Aufwärmen beobachten konnte. Uns fiel dabei allerdings auf, dass sich die adulten männlichen Pantherchamäleons oft in erbärmlicher Verfassung befanden. Sie waren zumeist stark abgemagert, zeigten dunkle Farben und wiesen speziell im Bereich der Schnauze zahlreiche Verletzungen

Semiadultes Männchen am Eingang des Nationalparks Marojejy
Foto: P.-S. Gehring

Um die Paarung von Pantherchamäleons im Freiland beobachten zu können, bedarf es etwas Glück
Foto: T. Althaus

Ein Männchen von *Furcifer pardalis* während der Trockenzeit in Andapa
Foto: P.-S. Gehring

auf. Vermutlich stammen diese Wunden noch von den Rivalenkämpfen aus der kurz zurückliegenden Regenzeit, der Hauptreproduktionsphase vieler Amphibien- und Reptilienarten.

In besserer Verfassung befanden sich dagegen zumeist die subadulten Männchen, die in dieser Jahreszeit noch in der Umfärbungsphase waren; man

Dieses Männchen wurde während der Häutung auf einem Strauch beobachtet
Foto: P.-S. Gehring

Männchen des Pantherchamäleons während der Trockenzeit
Foto: P.-S. Gehring

Semiadultes Männchen in einem Garten in Andapa
Foto: P.-S. Gehring

konnte zwar schon einige bunte Farbanteile an Kopf und Rücken ausmachen, doch erst in der nächsten Regenzeit sind sie voll aus-

Weibliche Tiere der Sambava-Form während der Trockenzeit
Fotos: P.-S. Gehring

gewachsen und konkurrieren erst dann um die Weibchen. Verglichen mit Tieren, die uns aus der Terrarienhaltung bekannt sind, dürften diese subadulten jungen Männchen ein Alter von etwa 6–8 Monaten gehabt haben.

## Antalaha

GPS: S14 54.59 E50 16.26

Antalaha ist mit dem Flugzeug oder mit dem Auto von Sambava aus über die RN 5A zu erreichen. Es gibt auch eine Verbindung von Maroantsetra nach Antalaha, den sogenannten Masoala-Treck, den man allerdings zum größten Teil zu Fuß bewältigen muss.

Antalaha ist eine mittelgroße Stadt und gilt als einer der wichtigsten Umschlagplätze für Vanille in Madagaskar, aber auch weltweit. Die Klimadaten sind identisch mit denen von Sambava, und regelmäßig wird die Stadt von schlimmen Zyklonen heimgesucht, die großen Schaden anrichten und Plantagen zerstören.

Auch bei Antalaha haben wir die meisten Pantherchamäleons in der Nähe menschlicher Siedlungen oder in Plantagen gefunden. Obwohl die Chamäleons allgegenwärtig sind, werden sie für die Madagassen erst dann interessant, wenn Ausländer die Tiere fotografieren. Neugierig, aber immer freundlich wird man von den Dorfbewohnern dann beobachtet.

Wir fanden in dieser Region männliche Pantherchamäleons, die fast vollständig grün gefärbt waren, mit nur wenigen hellen und roten Punkten im Kopfbereich und an der unteren Bauchseite. Aber wir sahen auch Männchen, deren Körper im stressfreien Zustand fast ganzflächig dunkelrot war; dieses Rot

Typisches Männchen der Lokalform von Antalaha
Foto: T. Althaus

Pärchen des Pantherchamäleons bei Antalaha
Foto: T. Althaus

wurde nur von den dunklen, vertikal verlaufenden Querstreifen und einem hellblauen Lateralband unterbrochen. In beiden Fällen war ein Wagenradmuster in unterschiedlicher Färbung auf den Augenlidern zu erkennen, und bei den roten Tieren trat ein gewisser Weißanteil im Kopfbereich auf. Auch die Lippen waren bei beiden Formen weiß, die Mundwinkel gelb.

Die Körpergrundfarbe erregter Männchen, die einen Rivalen erblickt haben, färbt sich in wenigen Augenblicken in ein kräftiges Orange, Gelb und Grün um, und der Lateralstreifen erscheint dann heller als zuvor.

In der Graviditätsphase sind die trächtigen Weibchen dunkel gefärbt und sehr aggressiv. Sie ziehen sich dann oft in die unteren Ve-

Pantherchamäleons sind als Kulturfolger oft im Garten der Dorfbewohner zu finden
Foto: T. Althaus

Wer beäugt hier wen? Pantherchamäleons und Menschen leben auf Madagaskar oft eng zusammen.
Foto: T. Althaus

Dieses Männchen fand sich auf einer Mauer inmitten der Stadt
Foto: T. Althaus

Männliche Pantherchamäleons im Gebiet von Antalaha
Fotos: T. Althaus

Dieses alte Männchen ist relativ unscheinbar gefärbt
Foto: T. Althaus

Ein anderes Männchen in einem Papaya-Baum
Foto: T. Althaus

Imposant ist die Drohgebärde dieses graviden Weibchens
Foto: T. Althaus

Ein männliches Panther-chamäleon in Stressfärbung
Foto: T. Althaus

Adulte Männchen während der Trockenzeit zeigen nur noch stark abgeschwächte Farben
Foto: P.-S. Gehring

getationsschichten zurück, um sich vor aufdringlichen Männchen oder Feinden zu schützen.

Während der Trockenzeit (von Mai bis Dezember) sind die Chamäleons allgemein nur blass gefärbt. Die Körpergrundfärbung der Männchen verändert sich zu einem verwaschenen Grün- oder Braungemisch, und die Querstreifen sind nur noch unklar zu erkennen. Auch die Weibchen verändern ihre ohnehin schon unscheinbare, erdfarbene Körpergrundfärbung in noch blassere Töne.

Ein juveniles Weibchen während der Trockenzeit im Gebiet von Antalaha
Foto: P.-S. Gehring

Dieses Weibchen während der Trockenzeit befindet sich vermutlich kurz vor der Häutung
Foto: P.-S. Gehring

Eine extreme Orangefärbung zeigte dieses adultes Weibchen in der Trockenzeit
Foto: P.-S. Gehring

## Masoala

GPS: S15 36.04 E49 55.43

Die Halbinsel Masoala im Nordosten Madagaskars umfasst mit einer Fläche von etwa 4.200 km² eines der letzten großen zusammenhängenden Regenwaldgebiete der Insel. Das Gebiet wird im Westen durch die Flüsse Andranofotsy und Mahalevona begrenzt, die in die Bucht von Antongil münden, im Osten durch den Fluss Onive, der in den Indischen Ozean mündet. Der Großteil der Halbinsel ist mit immergrünem Regenwald bedeckt, darunter auch die auf Madagaskar sehr stark bedrohten Tieflandregenwälder. Auf Masoala findet man sogar noch einige der seltenen Stellen, an denen der Regenwald bis direkt an den Strand reicht.

Masoala ist das größte zusammenhängende Schutzgebiet Madagaskars. Neben den Landkomplexen gehört inzwischen auch ein marines Schutzgebiet zu dieser Region, die insgesamt zum UNESCO-Weltkulturerbe ernannt wurde. Vom Ozean aus erheben sich Granitgebirge, die im Norden der Halbinsel Höhen von mehr als 1.400 m ü. NN erreichen. Korallenriffe, Lagunen und Mangrovengebiete umgeben die Halbinsel im Osten bis zur Südspitze. Die Artenvielfalt dieser Region ist beeindruckend und wenig erforscht. So findet man rund 50 % aller Pflanzenarten und viele der endemischen Amphibien-, Reptilien-, Vogel- und Säugetierarten Madagaskars auf Masoala.

Auf der Halbinsel gibt es mehrere kleine Siedlungen. Die Bewohner leben fast ausschließlich vom Fischfang und von etwas Ackerbau und Viehzucht. Aufgrund der klimatischen Bedingungen fallen auch hier fast

Dieser Strandabschnitt ist ein typischer Lebensraum für *Furcifer pardalis* auf der Masoala-Halbinsel
Foto: T. Althaus

Fast jedes Jahr wird die Ostküste Madagaskars – und hier besonders Masoala – von Zyklonen heimgesucht, die eine Spur der Verwüstung hinterlassen

Foto: T. Althaus

jedes Jahr große Teile der Ernte den Auswirkungen von Zyklonen zum Opfer.

Auf der Halbinsel Masoala haben wir Pantherchamäleons hauptsächlich im Küstenstreifen, in der Nähe menschlicher Siedlungen oder auf landwirtschaftlich genutzten Flächen gefunden. Immer waren die Fundorte sonnendurchflutete Gebiete, in denen sich die Tiere ohne Schwierigkeiten auf die optimale Körpertemperatur aufheizen konnten. In den meisten Fällen hielten sie sich in einer Vegetationshöhe zwischen 1,5 und 3 m auf.

Während der Regenzeit von Dezember bis April sind die Chamäleons fast jeden Tag kräftigem Dauerregen ausgesetzt. Oft sitzen sie dann geschützt unter großen Blättern und warten, bis der Himmel aufreißt und sie sich wieder in der Sonne aufheizen können. Die Halbinsel Masoala zählt zu den regenreichsten Regionen der Welt mit jährlich schwankenden Niederschlagsmengen von 2.200–7.000 mm. Im Vergleich dazu beträgt die durchschnittliche jährliche Niederschlagshöhe in Deutschland nur 770 mm.

Aufgrund der hohen Niederschlagsmengen ist Wasser auf der Masoala-Halbinsel also

Oft sind Pantherchamäleons auf Masoala in der Nähe von Viehweiden oder menschlichen Siedlungen zu finden
Foto: T. Althaus

Ein idealer Lebensraum für Pantherchamäleons bietet diese gemischte Kleinplantage
Foto: T. Althaus

Männchen von *Furcifer pardalis* auf Masoala
Foto: T. Althaus

Dieses Tier sucht Schutz vor dem Dauerregen
Foto: T. Althaus

Ein trächtiges Weibchen im Regen weist ein balzendes Männchen ab
Foto: T. Althaus

Porträt eines jungen Männchens auf Masoala
Foto: P.-S. Gehring

**Weibliche Pantherchamäleons auf der Masoala-Halbinsel**
Fotos: T. Althaus

Der Blau-Seidenkuckuck (*Coua caerulea*) ist ein natürlicher Feind der Pantherchamäleons
Foto: T. Althaus

Ein Jungtier in der unteren Buschvegetation
Foto: T. Althaus

allgegenwärtig, und es ergießen sich viele Bäche und kleine Flüsse ins Meer.

Auch die Luftfeuchtigkeit ist in diesem Teil Madagaskars extrem hoch und unterscheidet sich erheblich von den trockeneren Gebieten im Nordwesten der Insel.

Obwohl kaum von einer echten Trockenzeit auf Masoala gesprochen werden kann, verändern sich doch das Aussehen und die Aktivität der Pantherchamäleons während dieser Zeit. Von Mai bis November verblasst die Färbung der Tiere allmählich, sodass nur noch die leicht grüne Kopf- und Rückenpartie sowie die blassrote Körperunterseite zu erkennen sind. In der Körpermitte verläuft das helle Lateralband längst nicht so strahlend wie während der Regenzeit. Auch die 5–6 dunklen Querstreifen erscheinen blass, sind aber weiterhin gut sichtbar.

Weibchen am Ende der Trockenzeit
Foto: P.-S. Gehring

Männchen auf der Masoala-Halbinsel im November, am Ende der Trockenzeit
Fotos: P.-S. Gehring

Männliches Pantherchamäleon auf Masoala im November
Foto: P.-S. Gehring

Vergleicht man während der Trockenzeit die Kondition der Pantherchamäleons auf Masoala und in anderen regenreichen Ostküstengebieten mit denen an der nördlichen Westküste, so kann man feststellen, dass die Tiere südöstlich wesentlich weniger unter Dehydration zu leiden haben. Ihr Allgemeinzustand scheint auch während der regenarmen Zeit immer noch relativ gut.

Einer der wichtigen Prädatoren von *Furcifer pardalis* auf der Masoala-Halbinsel ist der madagassische Blau-Seidenkuckuck (*Coua caerulea*).

Dieses Pärchen wurde ebenfalls am Ende der Trockenzeit in einem Busch beobachtet
Foto: P.-S. Gehring

## Maroantsetra

GPS: S15 25.30 E49 43.30

Das Städtchen Maroantsetra liegt am nördlichen Ende der Bucht von Antongil und ist einer der größten Orte in der Region Analanjirofo im Nordosten Madagaskars. Hier befindet sich neben einem wichtigen Seehafen auch einer der wenigen Flughäfen der Region, der regelmäßig angeflogen wird. Das Flugzeug ist tatsächlich die einfachste und beste Möglichkeit, Maroantsetra zu erreichen.

In Maroantsetra selber gibt es verschiedene kleinere und größere Hotels, die sich als Ausgangsstation für Touren in den nahegelegenen Nationalpark anbieten. Die Stadt dient zum Beispiel als Ausgangspunkt für Touren in die Schutzgebiete auf der Masoala-Halbinsel, auf der Insel Nosy Mangabe und in den neu errichteten Makira-Nationalpark. Jedes dieser Reservate hält Besonderheiten für naturinteressierte Reisende bereit und lohnt die Mühen eines Besuches.

**Straßenränder mit dichter Sekundärvegetation sind ein guter Fundort für Pantherchamäleons**
Foto: P.-S. Gehring

Die Hotels vor Ort sind oft auch bei der Organisation von Aufenthalten in den Schutzgebieten behilflich oder bieten gar komplette Touren inklusive Verpflegung und Unterkunft an. Es müssen jedoch stets bei der staatlichen Nationalparkverwaltung in Maroantsetra Eintrittstickets für den Nationalpark erworben werden, und es muss zusätzlich ein Park-Guide, der einen während der Dauer des Aufenthalts ständig begleitet, gebucht werden. Guides sind in allen Nationalparks Madagaskars obligatorisch, und es ist nicht erlaubt, einen Nationalpark ohne Führer zu betreten.

Bevor man sich in die abgelegene Wildnis der Masoala-Halbinsel oder in die Berge von Makira aufmacht, sollte man sich in Maroantsetra ein oder zwei Tage Ruhe und genügend Zeit zur Vorbereitung der Tour gönnen. In Maroantstera hat man oft das Gefühl, dass die Uhren noch etwas langsamer laufen als in anderen vergleichbar großen Städten. Das Motto „Mora, Mora“, was sinngemäß übersetzt so viel wie „immer mit der Ruhe“ bedeutet, wird hier förmlich greifbar. Aufgrund der isolierten Lage der Stadt gibt es nur wenig Verkehr, und auch die Stromversorgung ist nicht durchgängig gewährleistet.

Das Leben richtet sich hier vor allem nach dem kurzen tropischen Tagesrhythmus. Die schwüle Tropenhitze lässt alle Aktivitäten langsam und bedächtig ablaufen, immer ist Zeit für ein kurzes Pläuschchen, um die neusten Nachrichten auszutauschen. Nur die kurzen, aber heftigen Regenschauer unterbrechen das gemächliche Treiben auf dem zentralen Marktplatz, wo die Bauern der Umgebung verschiedenstes frisches Gemüse, Früchte und herrlich duftende Gewürze anbieten. Auch die Fischer präsentieren auf dem Markt ihre Fänge vom frühen Morgen, während Frauen selbst gefertigte Bastkörbe und Matten anbieten. Man sollte es sich hier nicht entgehen lassen, dieses besondere Lebensgefühl mit allen Sinnen in sich aufzunehmen.

**Zwergtaggeckos (*Phelsuma pusilla*) sind häufige Begleiter in der Stadt**
Foto: P.-S. Gehring

Doch auch aus der herpetologischen Perspektive hat das Stadtgebiet von Maroantsetra Interessantes zu bieten. So kann man zum Beispiel an und in seinem Hotelbungalow bereits einige Geckoarten wie die wunderschönen Zwergtaggeckos (*Phelsuma pusilla*) oder die nachtaktiven Afrikanischen Hausgeckos (*Hemidactylus frenatus)* beobachten.

Besonderer Berühmtheit erfreut sich auch der charismatische Tomatenfrosch (*Dyscophus antongilii*), der in der Gegend rund um die Antongil-Bucht besonders intensiv rot gefärbt ist. In der Stadt wurde für diese bedrohten Frösche extra ein Tümpel angelegt, der als Laichgewässer dient und von Naturschützern

**Auch der Tomatenfrosch (*Dyscophus antongilii*) ist in Maroantsetra nicht selten**
Foto: P.-S. Gehring

Ein juveniles Pantherchamäleon-Männchen
Foto: T. Althaus

überwacht wird. Während der Regenzeit lassen sich die apfelsinengroßen Frösche aber auch in den Abwasserkanälen der Stadt finden, wo die Weibchen ebenfalls ihre Eier ablegen. Der madagassische Name „Saogongongo" bezieht sich auf die Rufe der Männchen, die an verregneten Tagen in der ganzen Stadt zu hören sind und den lokalen Musiker und Naturschützer Augustin Sarovy sogar dazu inspiriert haben, dem Tomatenfrosch ein Lied zu widmen.

Auch Pantherchamäleons lassen sich überall im Stadtgebiet und in der Sekundärvegetation der angrenzenden Kulturflächen finden. Wenn man offenen Auges durch die Straßen der Stadt geht, so entdeckt man die Tiere zum Beispiel häufig in den Drachenbaumhecken, die die Grundstücke der kleinen Holzhütten abgrenzen.

Die Körpergrundfärbung der meisten Männchen im Gebiet um Maroantsetra ist ein Grün, das im Erregungszustand zu einem kräftigen Rot oder Orange wechseln kann. Ein meist hellblaues bis weißes Lateralband beginnt kurz hinter dem Mundwinkel, durchzieht die gesamte Körperseite und endet im Bereich der Schwanzwurzel. Fünf dunkle Querstreifen ziehen vertikal bis zur Bauchseite, wobei der zweite und dritte seitliche Querstreifen kurz unterhalb des hellen Längsbandes zusammenlaufen und eine verbundene U-Form bilden. Die Schuppen des Rücken-, Bauch-, und Kehlkammes sind leuchtend weiß oder hellblau gefärbt, genauso wie viele unregelmäßig über den gesamten Körper verteilte Schuppen. Die Kehle und der vordere Bauchbereich sind rot und orange, bei einigen Tieren geht dieses Orangerot in Richtung Schwanzwurzel langsam in ein intensives Gelb über. Die Beine und der Schwanz sind mit roten oder bräunlich roten Querbändern versehen, der hintere Teil des Rückens im Bereich der Schwanzwurzel und der restliche Schwanz können sich im Erregungszustand gelb färben. Die Schuppen über dem Maul und die Mundwinkel sind weiß. Auf den Augenlidern lässt sich ein deutliches Wagenradmuster erkennen, welches aus hellgefärbten Schuppen besteht. Die Helmkante sowie die Rostralfortsätze sind von weißen oder hellblauen Schuppen eingefasst.

Die Weibchen weisen keine besonderen Merkmale auf und unterscheiden sich daher nicht von denen aus anderen Regionen. Sie sind variabel braun, hellbraun bis ockerfarben.

Adultes Weibchen im Stadtgebiet von Maroantsetra
Foto: P.-S. Gehring

Auch dieses Tier ist ein adultes Weibchen
Foto: T. Althaus

Adulte Männchen im Stadtgebiet von Maroantsetra
Fotos: P.-S. Gehring

## Nosy Mangabe

GPS: S15 30.10 E49 45.76

Die Insel Nosy Mangabe liegt ungefähr 5 km vor der Küste von Maroansetra in der Bucht von Antongil. Mit einer Nord-Süd-Ausdehnung von etwa 4 km und einer Ost-West-Breite von 2 km ist die Insel nicht sehr groß. Sie ist unbewohnt, vollständig bewaldet und gehört als geschütztes Naturreservat zum Masoala-Nationalpark. Den Besuchern der Insel stehen kleine überdachte Zeltplätze und wenige traditionelle Holzbungalows zur Verfügung. Außerdem befindet sich ein einfaches Steinhaus auf der Insel, welches oft von Biologen und Naturforschern als Basiscamp genutzt wird.

Die Pantherchamäleons, die wir auf Nosy Mangabe gefunden haben, ähneln denen von Masoala sehr. Die Körpergrundfärbung ist Grün, von der Schulter bis zu den Hinterbeinen zieren fünf dunkle, vertikal verlaufende Querstreifen die Körperseite. Die Farbe des seitlichen Längsbands reicht von Weiß bis Hellblau, die Lippenschuppen sind ebenfalls weiß, die Mundwinkel gelb. Die Kopf- und Bauchunterseite, Augenlider, Vorder- und Hinterbeine sowie das hintere Schwanzende färben sich bei Erregung rot.

Meistens konnten wir *Furcifer pardalis* in dem lichten Vegetationsgürtel am Strand beobachten. Hier finden die Tiere, im Gegensatz zum dichten Regenwald im Inneren der Insel, genügend Freiflächen, um sich in der Sonne aufzuheizen. Die bevorzugte Aufenthaltshöhe in der Vegetation liegt zwischen 1 und 3 m.

Männliches Pantherchamäleon vor der Informationstafel auf Nosy Mangabe

Fotos: P.-S. Gehring

Dieses adulte Männchen wurde Anfang November auf Nosy Mangabe fotografiert
Foto: P.-S. Gehring

Auch dieses prächtige Männchen stammt von Nosy Mangabe
Foto: T. Althaus

Adultes Männchen in der lichtdurchflutenden Strandvegetation von Nosy Mangabe
Foto: T. Althaus

Ein männliches Tier klettert durchs Geäst
Foto: T. Althaus

Adultes Weibchen in Normalfärbung
Foto: T. Althaus

Ein trächtiges Weibchen sucht am Boden nach einem geeigneten Eiablageplatz
Foto: T. Althaus

Ähnlich wie auf der Halbinsel Masoala kann man auch auf Nosy Mangabe nicht von einer echten Trockenzeit reden. Aber zwischen Mai und November ist die Färbung der Tiere deutlich weniger intensiv.

In den Monaten März/April reagieren die Weibchen extrem aggressiv auf die Annäherungsversuche der Männchen, weil die meisten Tiere bereits trächtig sind. Weitere Balzversuche wehren die graviden Weibchen nun dunkel gefärbt und mit wilden Drohgebärden ab. Im Extremfall zögern sie auch nicht, die Männchen direkt mit Bissen zu attackieren, um sie aus ihrem Sichtfeld zu vertreiben.

Nach der Paarung vergehen normalerweise rund 25–45 Tage, bis die Weibchen 10–30 Eier ablegen. Dazu wird ein etwa 15–45 cm tiefes Loch in den Boden gegraben. Oft gräbt das Weibchen dieses Loch in Form einer tiefen Röhre und verschwindet mit dem gesamten Körper darin, es ist aber auch möglich, dass es sich für einen flacheren Ablageort

Dasselbe Weibchen bei der Eiablage auf Nosy Mangabe
Foto: T. Althaus

Bevorzugter Lebensraum der Pantherchamäleons auf Nosy Mangabe sind die sonnendurchfluteten Vegetationsstreifen direkt am Strand
Foto: T. Althaus

entscheidet und während der Eiablage noch mit dem Kopf aus dem Loch herausschaut. Ob der Eiablageplatz und die Lochtiefe von lokalen Besonderheiten oder bestimmten Faktoren wie Feuchtigkeit und Temperatur bestimmt werden, ist nicht bekannt.

Dieses juvenile Weibchen klettert an einem Ast
Foto: T. Althaus

## Antanambe

GPS: S16 17.48 E49 49.66

Südlich von Mananara am Südrand der Bucht von Antongil führt eine sogenannte „Straße“ weiter in Richtung Toamasina. Tatsächlich zählt der etwa 30 km lange Streckenabschnitt zwischen Mananara und Antanambe zu den schlimmsten Pisten auf Madagaskar.

Etwa sieben Stunden benötigt man auf diesem Fahrweg, um das kleine Dörfchen Antanambe zu erreichen, Manompana liegt weitere 30 km südlich. Von hier aus kann man Aufenthalte in einem der Primärwaldrestgebiete in der Nähe des Nationalparks Mananara-Nord oder im privaten Schutzgebiet Ambodiriana planen und durchführen. Das Schutzgebiet Mananara-Nord beherbergt auf einer Fläche von 140.000 ha einige der letzten intakten Tieflandregenwälder Madagaskars. Wir konnten in diesem Waldgebiet eine Vielzahl an verschiedenen Amphibien und Reptilien finden und bekamen so einen hervorragenden Eindruck der enormen Biodiversität, die diese Region vor ihrer großflächigen Entwaldung überall zu bieten hatte.

In Antanambe ergibt sich die skurrile Situation, dass mitunter in den nicht geschützten Gebieten intaktere Waldfragmente bestehen geblieben sind als innerhalb des Nationalparks. Nach und nach stellte sich in den Gesprächen mit unseren lokalen Begleitern und dem Nationalparkchef heraus, dass die Dorfbewohner unzufrieden mit der Parkverwaltung in der Provinzhauptstadt Mananara sind und daher gezielt in die geschützten Gebiete gehen, um den Wald dort zu zerstören. Diese Unzufriedenheit begründet sich darin, dass die lokale Bevölkerung nicht an den (in dieser Region sehr spärlichen) Gewinnen aus dem Tourismus beteiligt wird, dass Versprechen über Ausweichflächen außerhalb

Adulte Männchen im Gebiet von Antanambe ähneln in ihrer Färbung den Tieren der Insel Nosy Boraha
Foto: P.-S. Gehring

Auch in Antanambe sind die ursprünglichen Regenwälder längst verschwunden
Foto: P.-S. Gehring

des Parks nicht eingehalten werden und die Nationalpark-Ranger monatelang keine Bezahlung bekommen. Es zeigt sich hier ganz deutlich, dass effektiver Naturschutz immer die Bevölkerung vor Ort miteinbeziehen muss.

Männliche Pantherchamäleons in dieser Region ähneln in ihrer Färbung stark den Tieren, die man auf der vorgelagerten Insel Nosy Boraha finden kann. Auch hier sind Körper, Kopf, Gliedmaßen und Schwanz grau bis hellblau gefärbt, die fünf vertikalen Querstreifen zeigen sich je nach Stimmung und Jahreszeit in türkis- bis dunkelblauen Tönen. Die Augenlider sind nicht deutlich von der Grundfärbung abgesetzt. Die Lippen und der Mundwinkel sind gelb. Ein weißes bis hellblaues Längsband verläuft kurz hinter dem Kopf bis fast zur Schwanzwurzel.

Im Juli konnten wir einige subadulte Tiere finden, die unserer Einschätzung nach etwa einjährig gewesen sein dürften. Zu dieser Zeit bestimmen stundenlange Regenfälle das Wetter, und die Temperaturen liegen tiefer als in den südlichen Sommermonaten. Zumeist zeigten die Tiere in den Regenpausen eine dunkle, durchgängig graubraune Färbung, um während den kurzen Sonnenbädern maximal viel Sonnenenergie absorbieren zu können. Aufgrund dieser Tatsache fällt eine genaue Beschreibung der typischen Färbung für diese Region schwer.

Mitten auf einem schmalen Pfad im Wald konnten wir ein Weibchen bei der Eiablage beobachten. Es war gerade dabei, sein Gelege mit Erde abzudecken. Nachdem sich das Weibchen vom Eiablageplatz entfernt hatte, überprüften wir die Tiefe, in der es die Eier abgelegt hatte: Nur etwa 10 cm unter der Bodenoberfläche stießen wir auf das Gelege.

Ausgewachsenes Panther-chamäleon-Männchen der Antanambe-Form
Foto: T. Althaus

Ein subadultes Männchen im August. Die Tiere färben sich während der kurzen Sonnen-phasen dunkel, um möglichst viel Wärme zu absorbieren. Zu dieser Jahreszeit regnet es oft ausgiebig an der Ostküste.
Foto: P.-S. Gehring

Ein Weibchen bei der Eiablage im April
Foto: P.-S. Gehring

Dieses Pantherchamäleon-Gelege wurde kurz nach der Ablage freigelegt und vermessen
Foto: P.-S. Gehring

## Nosy Boraha (Sainte Marie)

GPS: S16 49.48 E49 55.66

Nosy Boraha oder Sainte Marie war im 17. und 18. Jahrhundert eine bekannte Pirateninsel. Mit etwa 60 km Länge und 10 km Breite liegt sie wie ein schmaler Streifen vor der Ostküste Madagaskars. Heute ist die Wasserstraße zwischen dem Festland und der Insel bekannt für ihre guten Möglichkeiten zur Walbeobachtung. Buckelwale kommen in diese warmen Regionen, um sich zu paaren und ihre Kälber aufzuziehen. Weniger bekannt, aber nicht minder spektakulär sind die Korallenriffe vor Nosy Boraha. Alles in allem erfüllt die Insel sämtliche Erwartungen, die man an eine tropische Trauminsel stellt, auch wenn der ursprüngliche Regenwald leider immer mehr abgeholzt oder durch Brandrodung (madagassisch: tavy) vernichtet wird.

Für das Pantherchamäleon bietet Nosy Boraha sehr gute Lebensbedingungen. Sowohl in der Nähe menschlicher Siedlungen als auch am Rande der letzten Regenwaldbestände finden die Tiere alles, was sie zum Leben brauchen. Vor allem aber ist fast das ganze Jahr über genügend Trinkwasser vorhanden. So kann hier auf der Insel im Vergleich zu vielen Regionen im Norden oder Westen kaum von einer echten Trockenzeit die Rede sein.

Wir konnten auf Nosy Boraha männliche Pantherchamäleons in zwei verschiedenen Farbvarianten finden. Der wesentliche Unterschied besteht darin, dass ein Teil der Männchen weinrote, der andere hellblaue Vertikalstreifen besitzt, während die Grundfärbung von Körper, Beinen, Armen und Kopf bei beiden Formen gleich ist und zwischen Hellblau und Hellgrau variiert. Auch in anderen Merkmalen wie den gelben Mundwin-

**Ein adultes Pantherchamäleon-Männchen im Regen**
Foto: T. Althaus

Adultes Männchen mit bordeauxroter Färbung
Foto: T. Althaus

Dieses Männchen wurde beim Beutefang überrascht
Foto: T. Althaus

keln gibt es kaum wesentliche Unterschiede. Die Intensität der weinroten beziehungsweise hellblauen Streifen ist abhängig von Jahreszeit, Temperatur und Stimmung.

Die Weibchen weisen keine nennenswerten Alleinstellungsmerkmale auf, mit denen man sie von anderen Lokalformen unterscheiden könnte.

Während unseres Aufenthaltes auf Nosy Boraha im März und April machten die Tiere

Adultes Männchen auf Nosy Boraha
Foto: T. Althaus

Dieses ältere Männchen ist recht blass gefärbt
Foto: T. Althaus

Drohende Männchen auf Nosy Boraha
Fotos: T. Althaus

**Zwei Männchen während des Kommentkampfes**
Fotos: T. Althaus

Ein juveniles Männchen im Wald auf Nosy Boraha
Fotos: T. Althaus

Adultes Weibchen in der typischen Färbung
Foto: T. Althaus

So sieht ein idealer Lebensraum für Pantherchamäleons auf der Insel Nosy Boraha aus
Foto: T. Althaus

Hier verfolgt das Weibchen das Männchen
Foto: T. Althaus

einen sehr gesunden und kräftigen Eindruck. Wir wurden Zeuge von Balz und Kommentkämpfen. Außerdem konnten wir Jungtiere unterschiedlichen Alters finden.

Häufig suchten die Chamäleons sonnenexponierte Stellen am Waldrand auf, um sich dort aufzuheizen. Die

Vernichtung des Regenwaldes auf Nosy Boraha stellt für das Pantherchamäleon vermutlich keine primäre Bedrohung dar, denn es hat sich den gegebenen Bedingungen der Kulturlandschaft hervorragend angepasst.

## Toamasina (Tamatave)

GPS: S18 16.90 E49 14.92

Die Straße RN 2 von Andasibe in Richtung Toamasina (Tamatave) über Brickaville ist gut ausgebaut, und man kommt mit einem normalen PKW schnell und unproblematisch voran. Während der Fahrt in Richtung Küste verlassen wir die Bergregion. Hat man den Ort Brickaville (madagassisch: Ampasimanolotra) erreicht, befindet man sich nur noch wenige Meter über dem Meeresspiegel. Die Landschaft entlang der Nationalstraße ist nun vor allem von brandgerodeten Gebieten und landwirtschaftlich genutzten Flächen geprägt, denn der Boden in dieser Region ist besonders mineralstoffreich.

Von Ampasimanolotra aus gelangt man auf einer unbefestigten Straße zum Kanal de Pangalanes. Diese künstliche Süßwasserstraße verbindet Farafangana mit Toamasina und ist fast 650 km lang. Der weiße Sand und die von Palmen gesäumten Ufer erinnern an eine Meeresküste, doch es ist ein Süßwasserkanal, der nur durch schmale Landstreifen vom Indischen Ozean getrennt ist. Hier, direkt am Küstenstreifen und in der umliegenden Buschvegetation, konnten wir die typischen Tamatave-Pantherchamäleons beobachten.

Die Grundfärbung dieser Tiere variiert von Weinrot bis Dunkelgrün. Die Kopfoberseite ist hellblau, und der Körper ist mit unterschiedlichen weißen, grauen oder hellblauen Punkten übersät. Auch die Farbe des seitlichen Längsstreifens kann von Weiß, Grau bis Hellblau reichen. Die gelben Mundwinkel heben sich deutlich von den weißen Lippen ab.

Die Lufttemperaturen lagen bei unserer Reise im April mit bis zu 38 °C extrem hoch,

**Dieses Männchen hat den Beobachter längst wahrgenommen**

Foto: T. Althaus

Hoch aufgestellt und mit aufgeblähtem Kehlkamm versucht dieses Männchen einen Rivalen zu beeindrucken
Foto: T. Althaus

und wir konnten Chamäleons meist nur in schattigen Büschen finden. Die meisten Tiere befanden sich während dieser Zeit optisch in einem guten Zustand, Anzeichen von Dehydrierung

Adulte Männchen werden von Rivalen und Weibchen in exponierter Position am besten wahrgenommen
Foto: T. Althaus

Ein junges adultes Weibchen zieht sich vor der Sonne unter die Blätter zurück
Foto: T. Althaus

Dieses Weibchen zeigt ein Abwehrverhalten mit aufgestelltem Kehlkamm
Foto: T. Althaus

konnte man nicht feststellen. Außerdem warben die Männchen um Weibchen und drohten Rivalen mit intensiven Farben. Oft sah man an exponierter Position hoch aufgerichtete adulte Männchen mit aufgestelltem Kehlkamm und intensiven Drohfarben. Mit diesem Verhalten versuchen die Tiere, schon vor einem physischen Aufeinandertreffen die Kräfteverhältnisse zu klären.

Die Weibchen in der Region um Toamasina zeigen keine lokalen Besonderheiten. Die Körpergrundfärbung bewegt sich im Grau- bis Braunbereich und ist abhängig von der Jahreszeit, der gesundheitlichen Verfassung und der Stimmung der Tiere.

## Vohimana

GPS: S18 58.14 E48 38.22

Von der fast 1.400 m ü. NN gelegenen Hauptstadt Madagaskars, Antananarivo (Tana), ausgehend, wollen wir herausfinden, wo das Verbreitungsgebiet von *Furcifer pardalis* im Südosten der Insel beginnt. Wir bewegen uns hierzu auf der RN 2 von Tana in Richtung Toamasina. In Richtung des Indischen Ozeans fällt das Hochplateau innerhalb von etwa 120 km Distanz von 1.400 m ü. NN auf Meeresniveau ab. Pantherchamäleons sind typische Bewohner der Küstentieflandgebiete, und ihr natürliches Vorkommen sollte eine Höhe von 900 m nicht überschreiten. In diesen Höhenlagen kann es besonders nachts empfindlich kalt werden, und solche klimatischen Bedingungen sind nicht optimal für Pantherchamäleons. Zudem dürfte der einstmals dichte Bergregenwald an der Ostküste die lichtbedürftigen Reptilien in ihrer Ausbreitung ins Inland gehindert haben.

Entlang der Ostküste Madagaskars finden sich aber schmale, lichte Küstenwälder, die eine Ausdehnung von oft weniger als 10 km Breite ins Inland haben. Sie waren einst direkt mit den Regenwäldern verbunden, die sich entlang der aufsteigenden Bergketten von Nord nach Süd ausdehnten. Dieser immergrüne Küstenwald wächst nur unmittelbar am Indischen Ozean entlang eines schmalen Streifens auf sandigen Böden und hat eine geringe Wuchshöhe, die bei den meisten Bäumen 20 m nicht übersteigt.

Zufahrt zum Schutzgebiet Vohimana, das eines der letzten Tieflandregenwaldgebiete in dieser Gegend beherbergt
Foto: T. Althaus

Nur in den tiefer gelegenen Gebieten des Schutzgebietes ist das Pantherchamäleon zu finden
Foto: T. Althaus

Eingang zum Vohimana-Schutzgebiet
Foto: T. Althaus

In diesen Küstenwäldern des Tieflands sind die Kronenbereiche der Bäume weniger dicht geschlossen wie in den Regenwäldern der mittleren Lagen, sodass an vielen Stellen die Sonneneinstrahlung bis auf den Boden reicht. In den Bereichen mit dichtem Unterwuchs hält sich in Bodennähe aber auch viel Feuchtigkeit und somit Kühle, sodass aufgrund der geringen durchschnittlichen Wuchshöhe der Pflanzen innerhalb dieser Küstenwälder an sonnigen Tagen ein starker klimatischer Gradient entsteht. Diese klimatischen Bedingungen entsprechen besonders den Ansprüchen der Pantherchamäleons.

Uns interessierte nun, in welcher Höhenstufe sich hier an der südlichen Verbreitungsgrenze die ersten Pantherchamäleons finden lassen. Vor allem im Gebiet um Andasibe (Perinet) intensivierten wir daher unsere Suche, denn der kleine Ort liegt auf einer für die Verbreitung der Tiere spannenden Höhe von etwa 900 m ü. NN.

Das Klima in Andasibe ist gemäßigt warm, mit relativ geringen, aber regelmäßigen Niederschlägen. Der niederschlagsärmste Monat ist mit 53 mm der Oktober, der meiste Regen fällt im Februar mit durchschnittlich 339 mm. Über das Jahr verteilt fallen im Schnitt 1.890 mm Niederschlag. Im Mittel der wärmste Monat ist mit 22,5 °C der Februar, der kälteste Monat im Jahresverlauf mit 15,5 °C der Juli. Im Südwinter können die Nachte in Andasibe empfindlich kalt werden, die Temperaturen fallen dann in einstellige Bereiche.

Trotz intensiver Suche konnten wir in und um Andasibe bisher noch niemals Pantherchamäleons ausfindig machen. Natürlich war unsere Nachsuche immer nur punktuell und von kurzer Dauer, daher befragten wir auch Dr. Rainer Dolch, den Schirmherren und Seniororganisator des Mitsinjo-Projekts in Andasibe. Er hat viele Jahre in diesem Gebiet gelebt und konnte seit 1992 nur zwei Funde von *Furcifer pardalis* bestätigen. Bei einem dieser Funde soll es sich mit Sicherheit um ein ausgesetztes Tier gehandelt haben, das zweite Exemplar

Pantherchamäleon-Männchen in der Nähe des Vohimana-Reservats

Foto: T. Althaus

Dieses adulte Männchen in exponierter Position droht in den prächtigsten Farben einem Rivalen

Foto: T. Althaus

wurde entlang einer Bahnstrecke gefunden, die die Ostküste mit dem Hochland verbindet. Von daher ist es plausibel anzunehmen, dass es sich in diesem Fall ebenfalls um ein versehentlich verschlepptes Tier gehandelt hat.

Wir verlassen also die Region um Andasibe und folgen der RN 2 weiter in Richtung Ostküste. Mit jedem Meter, den man sich von Andasibe entfernt, verliert man konstant an Höhe, und die Landschaft verändert sich merklich. Das nur etwa 12 km östlich von Andasibe gelegene Vohimana-Schutzgebiet der Naturschutzorganisation L'Homme et l'Environnement befindet sich auf einer Höhe von etwa 750 m ü. NN, und die dortige Fauna und Flora unterscheidet sich merklich von der in Andasibe. Hier sind bereits typische Vertreter der Tieflandregenwälder zu finden, wie das eigenartige Pinocchio-Chamäleon (*Calumma gallus*) oder Sameits Flechtenplattschwanzgecko (*Uroplatus sameiti*). Und in diesem Gebiet lassen sich tatsächlich vereinzelt auch erste Pantherchamäleons in der Sekundärvegetation finden.

Die Färbung der dort lebenden Männchen ähnelt stark den Tieren, die aus Toamasina bekannt sind. Eine zumeist weinrote bis gelblich grüne Grundfärbung ist von grauen oder hellblauen Punkten durchsetzt, besonders auf der vorderen Körperhälfte und an den Extremitäten. Der Rückenkamm ist weiß bis bläulich gefärbt, der Rumpf von dunklen, vertikal verlaufenden Querstreifen durchbrochen. Der zweite und der vierte Querstreifen fusionieren kurz oberhalb des Bauches und formen ein deutliches U. Die Farbe des hellen Längsbandes kann von Weiß über Grau bis zu Hellblau variieren. Die weißen Mundwinkel und Lippen heben sich deutlich davon ab. Kehl- und Bauchkamm sind ebenfalls weiß gefärbt.

An der zentralen Ostküste von Madagaskar endet das Verbreitungsgebiet der Panther-

Die Pantherchamäleon-Population in der Gegend um Vohimana lebt an der südlichsten Verbreitungsgrenze der Art an der Ostküste Madaskars
Foto: T. Althaus

chamäleons. Ähnlich wie es bereits bei anderen madagassischen Reptilienarten nachgewiesen wurde (z. B. *Phelsuma lineata*, *Ebenavia inunguis*), breiten sich die Pantherchamäleons von Norden in Richtung Süden entlang der Tieflandgebiete der Ostküste aus. Für die Zukunft ist daher anzunehmen, dass sich neue Populationen des Pantherchamäleons immer weiter südlich finden lassen werden und dass sich möglicherweise im Verlaufe von Jahrhunderten auch neue Farbvarianten ausbilden könnten. Die Zerstörung der Primärwaldgebiete der Ostküste kommt in diesem Fall den Tieren sogar zu Gute, da so lichtdurchflutete Sekundärvegetation entsteht, die durch die Kultivierung der Menschen freigehalten wird – ein optimaler Lebensraum für diese eindrucksvollen Reptilien.

Auf unseren Touren durch das Verbreitungsgebiet konnten wir viele verschiedene Lokalformen in ihrem natürlichen Lebensraum beobachten und fotografieren. Dennoch sind noch diverse weitere Fundorte und Farbvarianten bekannt, die in diesem Buch nicht abgebildet sind, und so manche Population und lokale Farbvariante harren möglicherweise noch ihrer Entdeckung. Grund genug, um noch weitere Reisen ins Land der Pantherchamäleons zu unternehmen.

# Danksagung

Besonderer Dank gilt Yvonne Althaus, die Thomas bei all seinen Reisen unterstützt und teilweise begleitet hat. Vielen Dank auch an Goulam Eugene Maximilien, einen exzellenten Kenner der Flora und Fauna Madagaskars, der in Diego Suarez lebt, als offizieller Guide in allen Nationalparks des Landes arbeitet und Thomas auf seinen Reisen häufig begleitet hat. Herzlichen Dank auch an Dr. Rainer Dolch, den Schirmherren und Seniororganisator des Mitsinjo-Projektes in Andasibe, für viele fachliche Informationen sowie an Robby Eismann für die erlebnisreiche Zeit auf Nosy Faly und zahlreiche Informationen zum Verhalten der Pantherchamäleons auf dieser Insel. Beide Autoren möchten sich bei den vielen Freunden und Chamäleonkennern herzlich bedanken, die durch den ständigen Erfahrungs- und Interessenaustausch zum Gelingen dieses Buches mitbeigetragen haben.

# Weitere Informationen

Zur Vertiefung der in diesem Buch gegebenen Informationen und zum tieferen Einblick in terraristische und herpetologische Themenbereiche empfehlen sich die Mitgliedschaft in einem Verein gleich gesinnter Terrarianer und ein intensives Literaturstudium. Die folgenden Auflistungen sollen dabei behilflich sein, einen Einstieg in die Thematik zu finden, können aber natürlich nur einen kleinen Ausschnitt aufzeigen.

## Vereine und Interessensgruppen

Die Deutsche Gesellschaft für Herpetologie und Terrarienkunde (DGHT; www.dght.de; DGHT e.V., Postfach 120433, 68055 Mannheim, Tel.: 0621-86256490, E-Mail: gs@dght.de) ist mit über 6.000 Mitgliedern die weltweit größte Gesellschaft ihrer Art und bringt Wissenschaftler und Hobbyherpetologen zusammen. Mitglieder erhalten verschiedene herpetologisch/terraristische DGHT-Zeitschriften und haben Zugriff auf ein Kleinanzeigen-Internetportal.

Innerhalb der DGHT gibt es die AG Chamäleons, die sich schwerpunktmäßig mit Chamäleons beschäftigt und u. a. eine jährliche Fachtagung veranstaltet. Kontakt über die Geschäftsstelle der DGHT (siehe oben) bzw. www.agchamaeleons.de.

## Zeitschriften

REPTILIA, TERRARIA/elaphe
Terraristik-Fachmagazine
erscheinen je sechs Mal jährlich,
mit Internetportal für Kleinanzeigen
Natur und Tier - Verlag GmbH
An der Kleimannbrücke 39/41
48157 Münster, Tel.: 0251-133390
E-Mail: verlag@ms-verlag.de
www.reptilia.de

SAURIA
Terraristik und Herpetologie
erscheint vier Mal jährlich
Terrariengemeinschaft Berlin e.V.
Bruno Treu
Gardes-du-Corps-Str. 12
14059 Berlin
E-Mail: abo@sauria.de
www.sauria.de

# Verwendete und weiterführende Literatur


Andreone, F., F.M. Guarino & J.E. Randrianirina (2005): Life history traits, age profile, and conservation of the panther chameleon, *Furcifer pardalis* (Cuvier 1829), at Nosy Be, NW Madagascar. – Tropical Zool. 18: 209–225.

Bourgat, R.M. (1968): Comportment de la femelle de *Chamaeleo pardalis* Cuvier 1829 après l'accouplement. – Bull. Soc. Zool. France 93: 355–356.

Crottini, A., O. Madsen, C. Poux, A. Strauss, D.R. Vieites & M. Vences (2012): Vertebrate time-tree elucidates the biogeographic pattern of a major biotic change around the K–T boundary in Madagascar. – Proceedings of the National Academy of Sciences of the USA 109: 5358–5363.

Ferguson, G.W., J.B. Murphy, J.B. Ramanamanjato & A.P. Raselimanana (2004): The Panther Chameleon – Color Variation, Natural History, Conservation, and Captive Management. – Krieger Publishing Company, Malabar, Florida, 125 S.

Gehring, P.S., J. Köhler, A. Strauss, R.D. Randrianiaina, J. Glos, F. Glaw & M. Vences (2011a): The Kingdom of the Frogs: Anuran Radiations in Madagascar. – S. 235–254 in Zachos, F.E.

& J.C. Habel (Hrsg.): Biodiversity Hotspots – Distribution and Protection of Conservation Priority Areas. – Springer-Verlag, Heidelberg, Dordrecht, London, New York.

Gehring, P.S., F.M. Ratsoavina, M. Vences & F. Glaw (2011b): *Calumma vohibola*, a new chameleon species (Squamata: Chamaeleonidae) from the littoral forests of eastern Madagascar. – African Journal of Herpetology 60(2): 130–154.

Gehring, P.S., K.A. Tolley, F.S. Eckhardt, T.M. Townsend, T. Ziegler, F. Ratsoavina, F. Glaw & M. Vences (2012): Hiding deep in the trees: discovery of divergent mitochondrial lineages in Malagasy chameleons of the *Calumma nasutum* group. – Ecology and Evolution 2(7): 1468–1479.

Glaw, F., J. Köhler, T.M. Townsend & M. Vences (2012): Rivaling the world's smallest reptiles: Discovery of miniaturized and microendemic new species of leaf chameleons (*Brookesia*) from northern Madagascar – PLoS One 7: e31314.

Glaw, F. & M. Vences (1994): A Fieldguide to the Amphibians and Reptiles of Madagascar. Second edition including mammals and freshwater fish. – M. Vences & F. Glaw Verlags GbR, Köln, 480 S.

Glaw, F. & M. Vences (2007). A Field Guide to the Amphibians and Reptiles of Madagascar. Third Edition. – Vences & Glaw, Köln, 496 S.

Gribc, D., S.V. Saenko, T.M. Randriamoria, A. Debry, A.P. Raselimanana & M.C. Milinkovitch (2015): Phylogeography and support vector machine classification of colour variation in panther chameleons. – Molecular Ecology 24(13): 3455–3466.

Henkel, F.W. & W. Schmidt (1995): Amphibien und Reptilien Madagaskars, der Maskarenen, Seychellen und Komoren. – Ulmer, Stuttgart, 311 S.

Liebel, K. & W. Schmidt (2000): Madagaskar – Naturreiseführer. – Natur und Tier - Verlag, Münster, 280 S.

Mittermeier, R.A., P.R. Gil, M. Hoffmann, J. Pilgrim, T. Brooks, C.G. Mittermeier, J. Lamoreux & G. A.B. Da Fonseca (2004): Hotspots – Revisited. – Cemex, Mexico City, 390 S.

Mühr, B. (2000): Klimadiagramme weltweit. – www.klimadiagramme.de (Stand März 2014).

Müller, R., N. Lutzmann & U. Walbröl (2004): *Furcifer pardalis* – Das Pantherchamäleon. – Natur und Tier - Verlag, Münster, 127 S.

Myers, N., R.A. Mittermeier, C.G. Mittermeier, G.A.B. Fonseca & J. Kent (2000): Biodiversity Hotspots for Conservation Priorities. – Nature 403: 853–858.

Nagy, Z.T., G. Sonet, F. Glaw & M. Vences (2012): First large-scale DNA barcoding assessment of reptiles in the biodiversity hotspot of Madagascar, based on newly designed COI primers. – PLoS ONE 7: e34506.

Nečas, P. (2004): Chamäleons – Bunte Juwelen der Natur. 3. Auflage. – Edition Chimaira, Frankfurt a.M., 382 S.

Raxworthy, C.J., M.R. Forstner & R.A. Nussbaum (2002): Chameleon radiation by oceanic dispersal. – Nature 415: 784–789.

Rimmele, A. (1999): Vorstellung der in der Zuchtgemeinschaft Chamaeleonidae gezüchteten Chamäleons – Teil VI: Erkenntnisse aus der mehrjährigen Pflege und Zucht, sowie einige Freilandbeobachtungen am Pantherchamäleon, *Furcifer pardalis* (Cuvier, 1829). – Sauria 21(2): 27–36.

Schmidt, W., K. Tamm & E. Wallikewitz (2000): Chamäleons – Drachen unserer Zeit. 2. Auflage. – Natur und Tier - Verlag, Münster, 160 S.

Tazzyman, S.J. & Y. Iwasa (2010): Sexual selection can increase the effect of random genetic drift – a quantitative genetic model of polymorphism in *Oophaga pumilio*, the strawberry poison-dart frog. – Evolution 64(6): 1719–1728.

Tolley, K.A., T.M. Townsend & M. Vences (2013): Large-scale phylogeny of chameleons suggests African origins and Eocene diversification. – Proceedings of the Royal Society B 280: e20130184.

Townsend, T.M., K.A. Tolley, F. Glaw, W. Böhme & M. Vences (2011): Eastward from Africa: palaeocurrent-mediated chameleon dispersal to the Seychelles islands. – Biology Letters 7: 225–228.

Vences, M., K.C. Wollenberg, D.R. Vieites & D.C. Lees (2009): Madagascar as a model region of species diversification. – Trends in Ecology and Evolution 24: 456–465.

# Bücher für Ihr Hobby

## Chamäleons – Drachen unserer Zeit

Wolfgang Schmidt, Klaus Tamm und Erich Wallikewitz

336 Seiten, 412 Fotos, 4 Grafiken,
Format: 17,5 x 23,2 cm, Hardcover
ISBN: 978-3-86659-133-2, € 39,80

„Chamäleons, Drachen unserer Zeit". Schon der Titel weist auf die Urümlichkeit dieser oft bizarr geformten Reptilien hin. Wer kennt sie nicht, die ungewöhnlichen Tiere mit dem ausgeprägten Farbwechselvermögen und der langen, klebrigen Zunge! Doch sind das nicht die einzigen Besonderheiten der Chamäleons.
Chamäleons sind spektakuläre und sehr begehrte Terrarientiere. In dieser Neuauflage stellen die Autoren die faszinierenden Echsen mit der Schleuderzunge ausführlich vor und vermitteln auf dem neuesten Stand anschaulich alles Wissenswerte rund um die erfolgreiche Haltung und Nachzucht der wundervollen Tiere. Der komplett aktualisierte Artenteil porträtiert ausführlich die Haltungsansprüche der 125 terraristisch interessanten Arten.

**Natur und Tier - Verlag GmbH**
An der Kleimannbrücke 39/41 · 48157 Münster
Telefon: 0251 - 13339-0 · Fax: 0251 - 1339-33
E-Mail: verlag@ms-verlag.de

# Bücher für Ihr Hobby

Art für Art stellen Ihnen die Bücher dieser Reihe die beliebtesten Terrarientiere vor. Jeder Band bietet detaillierte, praxisnahe Pflegeanleitungen, und Sie finden alle Informationen, die Sie brauchen, um Ihre Tiere erfolgreich zu vermehren.

DAS PANTHERCHAMÄLEON
FURCIFER PARDALIS
DAVID HELLENDRUNG
NTV ART FÜR ART

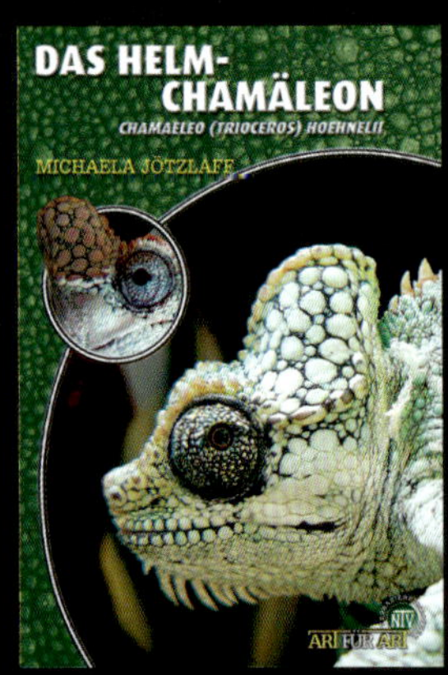

**Art für Art** **Die beliebtesten Terrarientiere**
je Titel € 14,80

**Natur und Tier - Verlag GmbH**
An der Kleimannbrücke 39/41 · 48157 Münster
Telefon: 0251 - 13339-0 · Fax: 0251 - 1339-33
E-Mail: verlag@ms-verlag.de

**www.ms-verlag.de**